U0352202

高职高专艺术设计类规划教材建设单位

（按照汉语拼音排序）

北京电子科技职业学院　　　　北京联合大学平谷学院

长江职业技术学院　　　　　　东北大学东软信息学院

海口经济学院　　　　　　　　河北能源建材职业技术学校

河南财政税务高等专科学校　　河南工程学院

河南焦作大学　　　　　　　　河南经贸职业学校

河南艺术职业学院　　　　　　鹤壁职业技术学院

湖北轻工职业技术学院　　　　金华职业技术学院

辽宁大学　　　　　　　　　　辽宁经济职业技术学院

辽宁省交通高等专科学校　　　洛阳理工学院

漯河职业技术学院　　　　　　南通职业大学

濮阳职业技术学院　　　　　　山东英才学院

沈阳师范学院　　　　　　　　沈阳现代美术学院

沈阳新华印刷厂　　　　　　　四川烹饪高等专科学校

武汉工业职业技术学院　　　　西安机电信息学院

郑州电子职业技术学院　　　　郑州航空工业管理学院

郑州轻工业学院轻工职业学院

高职高专艺术设计类规划教材

3ds Max+Vray
效果图设计表现与实训

胡爱萍　冯丹　王玉　主编

倪晴　副主编

3ds Max+Vray
XIAOGUOTU
SHEJI
BIAOXIAN
YU
SHIXUN

化学工业出版社

·北京·

本书精选了四个典型项目，即简单客厅、阳光卧室、厨房白天自然光、复杂客厅的效果图设计与实训，由简单到复杂，对建模、材质、灯光、Vray渲染等技术进行全面的介绍。每个项目都按照岗位要求设置了知识目标、能力目标及项目制作流程，并且在每个项目的制作过程中融入了相关知识点的介绍，使读者从零起点进步、边学边做，既能掌握软件基本技能，又能围绕项目进行操作能力训练。

本书可作为高职高专环境艺术设计专业、室内设计专业、艺术设计专业等相关专业教材，也可以供自学者、爱好者学习参考，还可以做短期培训教材。

图书在版编目（CIP）数据

3ds Max+Vray效果图设计表现与实训/胡爱萍，冯丹，王玉主编．—北京：化学工业出版社，2012.6（2014.7重印）

高职高专艺术设计类规划教材

ISBN 978-7-122-13987-0

Ⅰ．3…　Ⅱ．①胡…②冯…③王…　Ⅲ．室内装饰设计：计算机辅助设计-三维动画软件，3ds Max、Vray-高等职业教育-教材　Ⅳ．TU238-39

中国版本图书馆CIP数据核字（2012）第068695号

责任编辑：李彦玲　　　　　　　　　　　文字编辑：丁建华
责任校对：周梦华　　　　　　　　　　　装帧设计：尹琳琳

出版发行：化学工业出版社（北京市东城区青年湖南街13号　邮政编码100011）
印　　装：北京画中画印刷有限公司
787mm×1092mm　1/16　印张6¾　字数149千字　2014年7月北京第1版第2次印刷

购书咨询：010-64518888（传真：010-64519686）　　售后服务：010-64518899
网　　址：http://www.cip.com.cn
凡购买本书，如有缺损质量问题，本社销售中心负责调换。

定　　价：32.00元

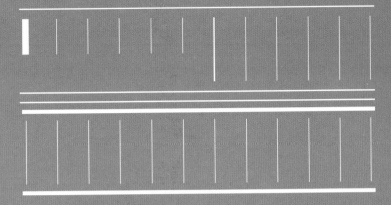

前言

在当今数字化的时代，3ds Max（或称3DMax）在室内外装饰装修行业的运用中有着不可替代的优势，通过它不仅可以快速地绘制设计方案，并且能结合CAD、Vray、Photoshop将设计方案表达得形象逼真，从而对设计师修改方案、沟通交流环节起到很重要的作用。伴随着房地产行业的发展，对室内外建筑效果图设计人才的需求越来越大，同时也带来了广阔的就业空间与无限的个人发展机遇。

本书根据编者多年的工作经验编写而成，精心挑选了四个典型项目，每个制作项目在制作前都按职业岗位要求编写了知识目标、能力目标及项目制作流程，并对每个制作流程进行详细讲解。四个项目由简单到复杂，对建模、材质、灯光、Vray渲染等技术进行全面介绍；四个项目侧重点和效果各不同，编写内容具体如下：

项目一　简单客厅效果图设计与实训

项目二　阳光卧室效果图设计与实训

项目三　厨房白天自然光效果图设计与实训

项目四　复杂客厅效果图设计与实训

在每个项目制作过程中融入相关知识点，通过"知识点提示"进行强调，这样可以使读者从零起点进步、快速融入其中，边做边学，边学边做，既能掌握软件基本技能，又能让读者学习兴趣浓厚地围绕项目进行操作能力训练。

本书的项目一内容由辽宁省交通高等专科学校冯丹编写，项目二内容由辽宁省交通高等专科学校王玉编写，项目三内容由河南省会计学校倪晴编写，项目四内容由武汉工业职业技术学院胡爱萍编写，另外长江职业技术学院李梦玲、辽宁经济职业技术学院房丹也参与了本书的编写工作，提供了大量的图片等资料，在这里表示衷心的感谢！

由于编者水平有限，编写时间仓促，书中如有疏漏和不足之处，敬请各位读者、同仁批评指正。联系如下：

电子邮箱huaiping111@126.com

编　者

2012年3月

目 录

项目一　简单客厅效果图设计与实训

简单客厅效果图

通过本案例的学习，了解简单客厅效果图制作的流程，重点掌握简单客厅阳光效果加灯光效果的制作的方法。其中需要掌握各种建模的方法，包括多边形建模，样条线创建模，使用挤出、法线反转等命令建模；以及各种主要材质如白色乳胶漆、地板、金属、玻璃等常用材质制作方法；需要熟悉并掌握多种灯光，如运用自由点光、Vray面光、目标平行光进行阳光加室内灯光效果技法表现；掌握Vray渲染器各项参数并进行渲染，从而达到真实的效果。

能量房并画出CAD图纸。

能运用CAD图纸并结合POLY命令进行墙体和背景墙的制作；能创建电视柜、沙发、窗帘等模型。

能熟练编辑白色乳胶漆、地板、金属、玻璃等常用材质。

能运用目标点光做筒灯效果，能运用Vray面光做暗藏灯带效果，并综合运用目标平行光制作出客厅真实效果灯光和阳光效果。

能熟练掌握Vray渲染器，并熟练掌握其中的选项和参数设置。

任务1　项目描述

本客厅由于空间较小，设计力求以简单的方式打造精致、实用的生活空间。整体色彩以暖色为主，体现客厅温馨舒适的感觉；由于客厅较小，在进行效果表达时有意用较强烈的阳光加灯光效果形成视觉中心，将视觉焦点集中表现在电视背景墙上；同时电视背景墙设计中增加了镜子效果，以增强客厅宽敞明亮的效果；电视背景墙的设计和选材本着简约、明

快、实用、环保的原则，在设计中使用环保、美观的硅藻泥材质。本章详细地介绍了客厅模型的创建、材质的设置、灯光的布法，Vray渲染参数的设置、模型的检测，将各重要的知识点融入制作流程过程之中，目的是让大家在学习各个知识点的同时，能对整个制作效果图的流程有一个整体的把握。

任务2　CAD与3DMax软件相互转换

步骤一：启动3ds Max9软件，单击菜单栏中的【自定义】＞【单位设置】命令，将弹出【单位设置】对话框，将【显示单位比例】和【系统单位比例】设置为毫米，如图1-1所示。

图1-1　单位设置

步骤二：单击菜单栏中的【文件】＞【导入】命令，在弹出的【选择要导入的文件】对话框中，选择【素材】＞【项目一】＞【项目一模型】，在【文件类型】下拉列表中选择【AutoCAD图形(*.DWG, *.DXF)】格式，在列表中选择"客厅CAD平面图.dwg"文件，单击 打开(0) 按钮，如图1-2所示。

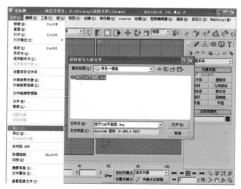

图1-2　导入客厅CAD文件

步骤三：在弹出的【AutoCAD DWG/DXF导入选项】对话框中单击 **确定** 按钮，如图1-3所示。

图1-3　CAD导入选项对话框

这样"客厅CAD平面图.dwg"文件就导入到3ds Max场景中，如图1-4所示。

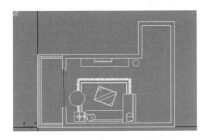

图1-4　导入客厅CAD平面图

任务3　客厅主体结构模型制作

步骤一：按下Ctrl+A键，选择所有图形，单击菜单栏中的【组】>【成组】命令，组名为"平面图"，单击 **确定** 按钮，如图1-5所示。

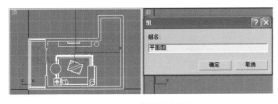

图1-5　群组平面图

步骤二：选择平面图，点击鼠标右键，在弹出的快捷菜单中选择【冻结当前选择】命令，将图纸冻结，这样在后面的操作中就不会选择和移动图纸，如图1-6所示。

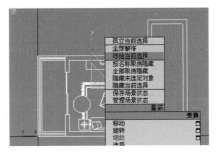

图1-6　冻结对象

▶▶**知识点提示：**冻结就是暂时将不需要编辑或已编辑完成的对象锁定在场景中，以避免在编辑其他对象时影响它们，从而减小误操作的发生概率。冻结之后的图纸是灰色的，看不太清楚，为了观察方便，可以将冻结物体的颜色改变。如果想取消冻结的对象，在视图中单击鼠标右键，在弹出的菜单中选择"全部解冻"。

步骤三：单击菜单栏中的【自定义】>【自定义用户界面】命令，在弹出的【自定义用户界面】对话框中，选择【颜色】选项卡，在【元素】右侧的下拉列表中选择【几何体】选项，在下面的列表框中选择【冻结】选项，单击颜色右边的色块，在弹出的【颜色选择器】对话框中选择一种方便观察的颜色，单击 **确定** 按钮即可。

步骤四：激活顶视图，按Alt+W键，将视图最大化显示。

▶▶**知识点提示：**使用 ⬚（最大化视图切换）工具可在其正常大小和全屏大小之间进行切换，也可以通过快捷键Alt+W进行视图布局的切换。

步骤五：按S键将捕捉打开，捕捉模式采用"2.5维捕捉"，右击该按钮，在弹出的【栅格和捕捉设置】对话框中设置【捕捉】和【选项】，如图1-7所示。

图1-7　捕捉设置

▶▶▶**知识点提示**：使用捕捉可以控制创建、移动、旋转和缩放对象。从主工具栏上的按钮可以访问程序中的捕捉功能。"捕捉切换"弹出按钮提供捕捉处于活动状态位置的3D空间的控制范围。

2D捕捉——光标仅捕捉到活动构建栅格，包括该栅格平面上的任何几何体。

2.5D捕捉——光标仅捕捉活动栅格上对象投影的顶点或边缘。

3D捕捉——这是默认值。光标直接捕捉到3D空间中的任何几何体。

步骤六：单击（创建）＞（图形）＞　　线　　按钮，在顶视图绘制墙体的内部封闭线形，如图1-8所示。

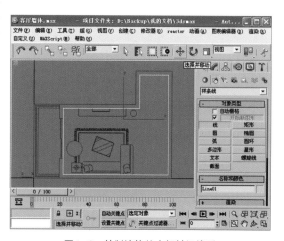

图1-8　绘制墙体的内部封闭线形

步骤七：为绘制的线形施加一个【挤出】命令，【数量】设置为2800（即房间的层高为2.8m）。

步骤八：单击鼠标右键，在弹出的快捷菜单中选择【转换为】＞【转换为可编辑多边形】命令，将墙体转化为可编辑的多边形。

步骤九：按5键，进入元素子物体层级，按Ctrl+A键，选择所有的多边形，单击　　**翻转**　　按钮，将法线翻转过来，整个墙体就制作出来了，如图1-9所示。单击元素按钮，关闭元素子物体层级。

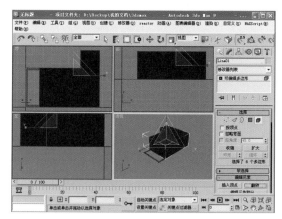

图1-9　翻转对象

步骤十：在透视图中选择挤出的墙体模型，点击鼠标右键，在弹出的快捷菜单中选择【对象属性】命令，在弹出的【对象属性】对话框中将【背面消隐】选项勾选，如图1-10所示。

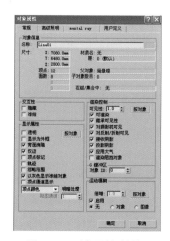

图1-10　对象属性对话框

▶▶**知识点提示**：为了观察方便，可以对墙体进行消隐。

比如做建筑效果图的时候，房子都是用Box建立后用反转法线进入Box内部构建结构，但3ds Max更新到9.0版后，你在反转法线的时候发现，背面都是黑的。这样在3ds Max 9.0版后都要在自定义面板里的优先面板里勾选【背面消隐】属性，就可以在反转法线后直接看到Box里面。

这样整个客厅的墙体就生成了，如图1-11所示。

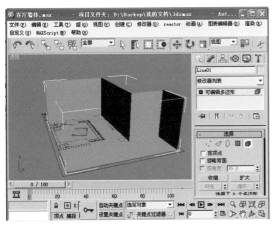

图1-11　客厅墙体

任务4　客厅场景模型创建

步骤一：在视图中选择墙体，按下4键，进入多边形子物体层级，在透视图中选择阳台窗户的面，单击【编辑几何体】卷展栏下的 **分离** 按钮，将这个面分离出来，如图1-12所示。

▶▶**知识点提示**：为了操作方便，可以将分离出来的窗户进行【孤立当前选择】。

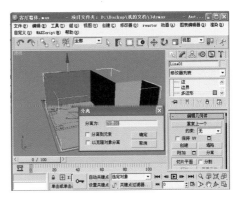

图1-12　分离对象

步骤二：选择窗户模型，按下2键切换到边子物体层级，选垂直的两条边，单击【编辑边】卷展栏下的 **连接** 按钮右侧的按钮，在弹出的对话框中将【分段】设置为1，单击 **确定** 按钮，如图1-13所示。

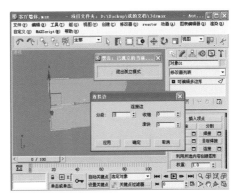

图1-13　连接边

步骤三：单击【选择】卷展栏下的 **环形** 按钮，同时选择水平的3条边，如图1-14所示。

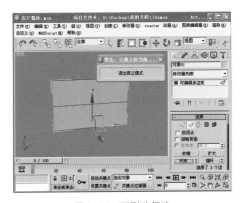

图1-14　环形选择边

▶▶知识点提示：环仅适用于边和边界选择。环——通过选择与选定边平行的所有边来扩展边选择。

循环仅适用于边和边界选择，且只能通过四路交点进行传播。循环——尽可能扩大选择区域，使其与选定的边对齐。

步骤四：单击 **连接** 右侧的按钮，在弹出的对话框中将分段设置为2，单击 **确定** 按钮，这样在垂直位置增加了两条段数。

步骤五：按下4键，进入多边形子物体层级，在透视图选择中间的面，单击【编辑多边形】卷展栏下 **挤出** 右侧的按钮，在弹出的对话框中将【挤出高度】设置为-240，单击 **确定** 按钮，如图1-15所示。

步骤六：按下1键，进入顶点子物体层级，在前视图选择中间的一排顶点，按下F12键，在弹出的对话框中设置【绝对：世界】选项组下Z的值为2200，如图1-16所示。

步骤七：按下T键，将当前的视图转换为顶视图，以导入的平面图为基准，用捕捉方式调整顶点的位置，调整后的位置如图1-17所示。

▶▶知识点提示：工作时可快速更改视口中的视图类型。例如：可以从前视图切换到后视图。可以使用菜单或键盘快捷键。

T——顶视图；B——底视图；F——前视图；L——左视图；C——摄像机视图；P——透视图。

步骤八：按下4键，进入多边形子物体层级，将挤出的面分离出来，用它来制作推拉门。选择上下两条边，垂直增加1条线段，单击切角右面的小按钮，在弹出的对话框中设置【切角量】为30.0mm，如图1-18所示，单击

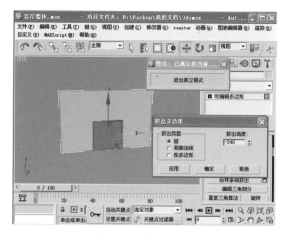

图1-15　挤出多边形

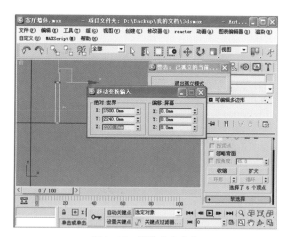

图1-16　调整窗户高度

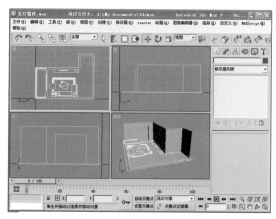

图1-17　顶点位置调整后效果

确定按钮。

步骤九：在左视图选择四周的边进行切角操作，设置【切角量】为60.0mm，如图1-19所示。

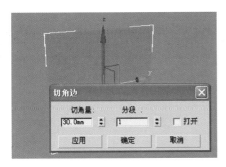

图1-18 切角边对话框

图1-19 切角效果

步骤十：按下4键，进入多边形子物体层级，选择中间的2个面，执行【挤出】命令，数量设置为-60.0mm，如图1-20所示。

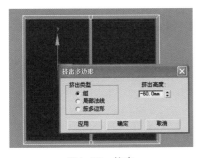

图1-20 挤出

步骤十一：将挤出的2个面删除，将所有的物体全部显示出来，如图1-21所示。

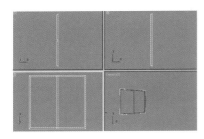

图1-21 窗户效果

步骤十二：单击 （创建）> （图形）> 线 按钮，在顶视图绘制"天花"和"电视背景墙"，如图1-22所示。

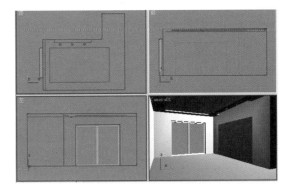

图1-22 客厅框架效果

任务5 客厅常用模型合并

步骤一：单击菜单栏中的【文件】>【合并】命令，在弹出的【合并】对话框中选择【素材】>【项目一】>【项目一模型】，在列表中选择"沙发.max"文件，单击 打开(O) 按钮，在弹出的对话框中选择[沙发]，单击 确定 按钮，如图1-23所示。

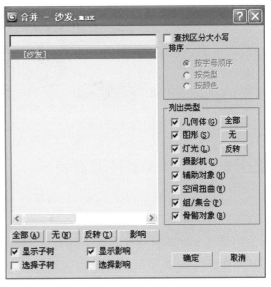

图1-23 合并沙发

步骤二：同样的方法，将电视、吊灯、饰品合并到场景中，移到合适的位置，如图

1-24所示。

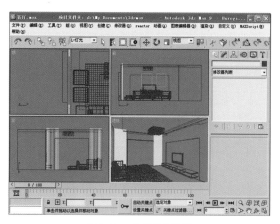

图1-24　合并其他模型

步骤三：在顶视图合适的位置创建一架目标摄像机，然后将摄像机移动到高度为1500mm左右。

步骤四：激活透视图，按下C键，将视图切换为摄像机视图，调整镜头为24，效果如图1-25所示。

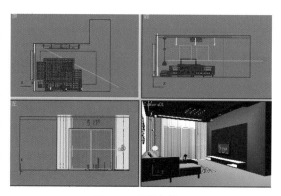

图1-25　摄像机效果

任务6　Vray渲染软件的安装

步骤一：打开安装程序压缩包，运行其中的安装程序，单击 Next 按钮。

步骤二：单击 I agree 按钮，进行下一步。

步骤三：根据实际情况修改或选择Vray安装目录，单击 Next ，进行下一步，如图1-26所示。

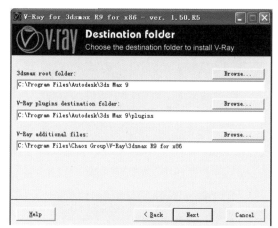

图1-26　安装目录

步骤四：选择软件授权方式注册，选择"Software license key"，单击 Next ，进行下一步，如图1-27所示。

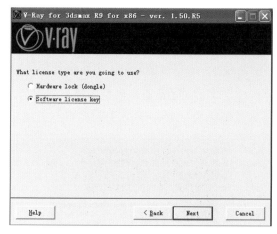

图1-27　授权方式

步骤五：单击 Next ，进行下一步。

步骤六：单击 Finish ，完成软件安装。

▶▶知识点提示：如果打算使用中文版的Vray渲染器，可以将其汉化。

运行3ds Max，按一下F10键，打开【渲染场景】对话框，选择【公用】选项卡，在【指定渲染器】卷展栏下单击【产品级】右侧的按钮，在弹出的【选择渲染器】对话框中选择【V-Ray Adv 1.5 RC3】选项，如图1-28所示。

图1-28　选择渲染器

任务7　Vray渲染检测客厅模型

步骤一：按下M键，打开【材质编辑器】对话框，选择一个未使用的材质球，命名为"测试场景"，将其设置为【VRayMtl】材质，设置【漫射】的颜色（红220，绿220，蓝220），其他的参数默认就可以了，按下F10键，在打开的【渲染场景】对话框中选择【渲染器】选项卡，勾选【覆盖材质】选项，将调整好的材质拖动到【覆盖材质】右面的按钮上，如图1-29所示。

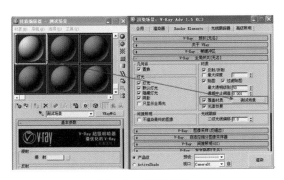

图1-29　覆盖材质

步骤二：为了在测试中得到一个比较快的速度，将渲染的图像尺寸设置得小一点，如图1-30所示。

图1-30　输出大小

步骤三：设置【图像采样器】类型为【固定】方式，关闭【抗锯齿过滤器】，如图1-31所示。

图1-31　图像采样器

▶▶**知识点提示**：图像采样器分为3种采样类型，分别为【固定】、【自适应准蒙特卡洛】、【自适应细分】。用户可以根据场景的不同选择不同的采样类型。

【固定】：此选项是Vray中最简单的采样器，对于每一个像素它使用一个固定数量的样本。它只有一个【细分】参数，如图1-32所示。如果调整细分数值越高，采样品质越高，渲染时间越长。

图1-32　固定图像采样器

【自适应准蒙特卡洛】：此采样方式根据每个像素以及与它相邻像素的明暗差异，不同像素使用不同的样本数量。在角落部分使用较高的样本数量，该采样方式适合场景中拥有大量的模糊效果或者具有高细节的纹理贴图和大量的几何体面时使用，是经常用到的一种方式，参数面板如图1-33所示。

图1-33　自适应准蒙特卡洛图像采样器

● 【最小细分】：定义每个像素的最少采样数量，一般使用默认数值。

● 【最大细分】：定义每个像素的最多采

样数量，一般使用默认数值。

●【颜色阈值】：色彩的最小判断值，当颜色的判断达到这个值以后，就停止对色彩的判断。

●【显示采样】：勾选了该选项以后，可以看到【自适应准蒙特卡洛】的样本分布情况。

【自适应细分】：如果选择这个选项，具有负值采样的高级抗锯齿功能，适用在没有或者有少量的模糊效果的场景中，在这种情况下，它的速度最快，如果场景中有大量的细节和模糊效果，它的渲染速度会更慢，渲染品质最低。参数面板如图1-34所示。

图1-34 自适应细分图像采样器

●【最小比率】：定义每个像素使用的最少样本数量。如果是0，表示一个像素使用一个样本；-1表示两个像素使用一个样本。值越小，渲染品质越低，速度越快。

●【最大比率】：定义每个像素使用的最多样本数量。如果是0，表示一个像素使用一个样本；1表示两个像素使用4个样本。值越高，渲染品质越高，速度越慢。

●【颜色阈值】：色彩的最小判断值，当颜色的判断达到这个值以后，就停止对色彩的判断。

●【对象轮廓】：如果勾选该选项，可对物体轮廓线使用更多的样本，从而让物体轮廓的品质更好，但是速度会慢。

●【法线阈值】：决定【自适应细分】在物体表面法线的采样程度。

●【随机采样值】：如果勾选该选项，样本将随机分布，应该是勾选的。

●【显示采样值】：勾选了该选项，可以看到【自适应细分】的样本分布情况。

步骤四：关闭【间接照明】，在【二次反弹】选项组中选择【灯光缓冲】选项，如图1-35所示。

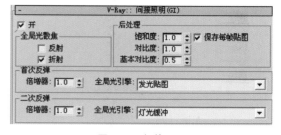

图1-35 间接照明

▶▶知识点提示：间接照明（GI）这个卷展栏控制是否使用全局光照、全局光照渲染引擎使用什么样的搭配方式以及对间接照明强度的全局控制。同样可以对饱和度、对比度进行简单调节。

参数详解：

【开】：场景中的间接光照明开关。

【全局光散焦】：该选项主要控制间接照明产生的散焦效果。

●【反射】：间接光照射到镜射表面的时候会产生反射散焦，能够让其外部阴影部分产生光斑，可以使阴影内部更加丰富。默认情况下，它是关闭的，不仅因为它对最终的GI计算贡献很小，而且还会产生一些不希望看到的噪波。

●【折射】：间接光穿过透明物体（如玻璃）时会产生折射散焦，可以使其内部更丰富些。注意这与直接光穿过透明物体而产生的散焦不是一样的。例如，在表现天光穿过窗口的情形的时候可能会需要计算GI折射散焦。

【后处理】：主要是对间接光照明进行加工和补充，一般情况下使用默认参数值。

●【饱和度】：可以控制场景色彩的浓度，值调小降低浓度，可避免出现溢色现象，可取0.5～0.9；物体的色溢比较严重的话，就在它的材质上加个包裹器,调小它的产生GI值。

●【对比度】：可使明暗对比更为强烈。亮的地方越亮，暗的地方越暗。

●【基本对比度】：主要控制明暗对比的强弱，其值越接近对比度的值，对比越弱。通常设为0.5。

【首次反弹】：指的是直接光照。倍增值主要控制其强度的，一般保持默认即可，如果其值大于1.0，整个场景会显得很亮。后面的引擎主要是控制直接光照的方式，最常用的是发光贴图。

【二次反弹】：指的是间接光照。倍增值决定为受直接光影响向四周发射光线的强度。默认值1.0可以得到一个很好的效果。其他数值也是允许的，但是没有默认值精确。但有的场景中边与边之间的连接线模糊，可以适当调整倍增值，一般在0.5～1.0之间。后面的引擎主要是控制直接光照的方式，一般选用准蒙特卡洛或者是灯光缓存。

步骤五：调整【发光贴图】卷展栏下的参数，如图1-36所示。

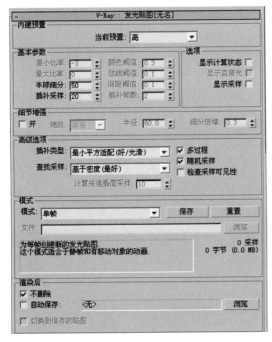

图1-36　发光贴图

▶▶知识点提示：发光贴图卷展栏默认为禁用，只有在启用了间接照明（GI）以后才可以调整发光贴图的参数。

【当前预置】：系统提供了8种系统预设的模式，如无特殊情况，这几种模式应该可以满足一般需要。

●非常低，这个预设模式仅仅对预览目的有用，只表现场景中的普通照明；

●低，一种低品质的用于预览的预设模式；

●中等，一种中等品质的预设模式，如果场景中不需要太多的细节，大多数情况下可以产生好的效果；

●中等品质动画模式，一种中等品质的预设动画模式，目标就是减少动画中的闪烁；

●高，一种高品质的预设模式，可以应用在最多的情形下，即使是具有大量细节的动画；

●高品质动画，主要用于解决高预设模式下渲染动画闪烁的问题；

●非常高，一种极高品质的预设模式，一般用于有大量极细小的细节或极复杂的场景；

●自定义，选择这个模式你可以根据自己需要设置不同的参数，这也是默认的选项。

【最小比率】：主要控制场景中比较平坦面积比较大的面的质量受光，这个参数确定GI首次传递的分辨率。0意味着使用与最终渲染图像相同的分辨率，这将使得发光贴图类似于直接计算GI的方法，-1意味着使用最终渲染图像一半的分辨率。通常需要设置它为负值，以便快速地计算大而平坦的区域的GI，这个参数类似于（尽管不完全一样）自适应细分图像采样器的最小比率参数。测试时可以给到-6或-5,最终出图时可以给到-5或-4。如果给得太高速度太慢，光子图可以设为-4。

【最大比率】：主要控制场景中细节比较多弯曲较大的物体表面或物体交汇处的质量。这个参数确定 GI 传递的最终分辨率，类似于

（尽管不完全一样）自适应细分图像采样器的最大比率参数。测试时可以给到-5或-4，最终出图时可以给到-2或-1或0。光子图可设为-1。

【颜色阈值】：确定发光贴图算法对间接照明变化的敏感程度。较大的值意味着较小的敏感性，较小的值将使发光贴图对照明的变化更加敏感。默认，光子图0.3，分辨哪些是平坦区域，哪些不是。

【法线阈值】：确定发光贴图算法对表面法线变化的敏感程度，主要让渲染器分辨哪些是交叉区域，哪些不是。默认光子图0.3。

【间距阈值】：确定发光贴图算法对两个表面距离变化的敏感程度，主要让渲染器分辨哪些是弯曲区域，哪些不是，值越高表明弯曲表面样本就更多，区分更强，默认光子图0.3。

【插补帧数】：控制场景中黑斑，越大黑斑越平滑，数置设得太大阴影不真实，用于插值计算样本的数量。较大的值会趋向于模糊GI的细节，虽然最终的效果很光滑，较小的取值会产生更光滑的细节，但是也可能会产生黑斑。测试时默认，最终出图时可以给到30～40。光子图可设为40，对样本进行模拟处理，值越大越模糊，值越小越锐利。

【显示计算状态】：勾选的时候，VR在计算发光贴图的时候将显示发光贴图，一般勾选。

【显示直接光】：勾选，可以看到整个渲染过程。

【显示采样】：勾选时，VR渲染的图出现雪花一样的小白点，不勾选。

【细节增强】：细节增加主要是在物体的边沿部分，通常情况下不需要打开这个细节增加。

【插补类型】：Vray内部提供4种样本插补方式，为高级光照贴图的样本相似点进行插补。

●权重平均值（好/强）：根据发光贴图中GI样本点到插补点的距离和法向差异进行简单的混合得到。

●最小平方适配（好/光滑）：默认的设置类型，它将设法计算一个在发光贴图样本之间最合适的GI的值。可以产生比加权平均值更平滑的效果，同时会变慢。

●三角剖分（好/精确）：这个方式与上面两种不同在于它尽量避免采用模糊的方式去计算物体的边缘，所以计算的结果相当精确，主要体现在阴影比较实，其效果是比较好的。

●最小平方/权重（测试）：它采用类似于【最小平方适配】的计算方式，但同时又结合【三角剖分】的一些算法，让物体的表面过渡区域和阴影双方都得到比较好的控制。

【查找采样】：它主要控制哪些位置的采样点是适合用来作为基础插补的采样点。Vray提供了四种查找方式。

●基于密度（最好）：它基于总体密度来进行样本查找，不但物体边缘处理非常好，而且在物体表面也处理得十分均匀，它的效果比预先计算重叠更好，但速度也是最慢的。

●平衡嵌块（好）：它将插补点的空间划分为4个区域，然后尽量在它们中寻找相等数量的样本。

●接近（草稿）：该方式是一种草图方式，它简单地使用光照贴图里的最靠近的插补点样本来渲染图形，渲染速度比较快。

●重叠（很好/快速）：这种查找方式需要对光照贴图进行预处理，然后对每个样本半径进行计算。

【计算传递插值采样】：在发光贴图计算过程中使用，它描述的是已经被采样算法计算的样本数量。较好的取值范围是10～25，较低的数值可以加快计算传递，但是会导致信息存储不足，较高的取值将减慢速度，增加加多的附加采样。一般情况下，这个参数值设置为默认的15左右。

【多过程】：勾选时VR根据最小、最大比率进行多次计算，如果不勾选则强制一次性计算完，一般根据多次计算以后的样本分布会均匀合理一些。

【随机采样】：控制光照贴图的样本是否随机分配。

【检查采样可见性】：在灯光透过比较薄的物体时，很有可能会产生漏光，勾选该选项可以解决这个问题，但是渲染的时间会增长。

【模式】：提供对光照贴图的不同使用模式。Vray提供了6种模式。

●单帧模式：默认的模式，在这种模式下对于整个图像计算一个单一的发光贴图，每一帧都计算新的发光贴图。

●多重帧增加模式：这个模式在渲染仅摄像机移动的帧序列的时候很有用。Vray 将会为第一个渲染帧计算一个新的全图像的发光贴图，而对于剩下的渲染帧，Vray设法重新使用或精炼已经计算了的存在的发光贴图。

●从文件模式：使用这种模式，在渲染序列的开始帧，Vray简单地导入一个提供的发光贴图，并在动画的所有帧中都是用这个发光贴图。整个渲染过程中不会计算新的发光贴图。

●添加到当前贴图模式：当渲染完一个角度的时候，可以把相机转一个角度，再重新计算新角度的光子，最后把这两次的光子叠加起来，这样光子信息更加丰富准确。同时也可以更多地叠加。

●增量添加到当前贴图模式：这个模式和【添加到当前贴图】相似，不同的是，它不是全新计算新角度的光子，而是只对没有计算过的区域进行新的计算。

●块模式：把整个图分成块来计算，渲染完一个块再进行下一个块的计算。

保存：单击该按钮可以保存光子图到文件。

重置：单击该按钮可以把光子图从内存中清除。

浏览：在选择从文件模式的时候，点击这个按钮可以从硬盘上选择一个存在的发光贴图文件导入。

【渲染后】：主要控制光子图在渲染完以后的处理。

步骤六：设置【灯光缓冲】卷展栏下的【细分】为200，勾选【保存直接光】及【显示计算状态】选项，如图1-37所示。

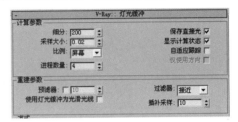

图1-37　灯光缓冲

▶▶知识点提示：

【灯光缓冲】：对于细节能得到较好的效果，时间上也可以得到一个好的平衡。是一种近似于场景中全局光照明的技术，与光子贴图类似，但是没有其他的许多局限性。

【细分】：对于整体计算速度和阴影计算影响很大。值越大质量越好。测试时可以设为100～300，最终渲染时可设为1000～1500。

【采样大小】：决定灯光贴图中样本的间隔。较小的值意味着样本之间相互距离较近，灯光贴图将保护灯光锐利的细节，不过会导致产生噪波，并且占用较多的内存，反之亦然。

【比例】：有两种选择，主要用于确定样本尺寸和过滤器尺寸。

步骤七：为了方便，直接使用VR的天光，这样，测试场景就不再需要设置灯光了，勾选【环境】卷展栏下的【天光】选项，设置【倍增器】为3.0，如图1-38所示。

图1-38　环境

步骤八：场景的基本设置完成后，单击渲

染按钮，进行快速渲染，效果如图1-39所示。

图1-39　快速渲染效果

任务8　客厅室内场景材质的设置

步骤一：按下M键，打开【材质编辑器】对话框，选择第一个材质球，单击标准按钮，在弹出的【材质/贴图浏览器】对话框中选择【VRayMtl】材质，如图1-40所示。

图1-40　材质/贴图浏览器

步骤二：将材质命名为"白乳胶漆"，设置【漫射】颜色值为（红245，绿245，蓝245）；【反射】颜色值为（红23，绿23，蓝

23），参数设置如图1-41所示；将【选项】卷展栏下的【跟踪反射】选项的勾选取消，如图1-42所示。

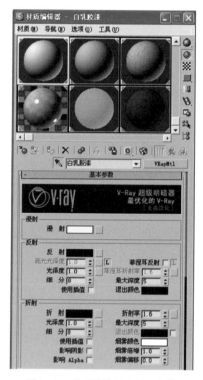

图1-41　白乳胶漆材质基本参数

图1-42　取消跟踪反射

▶▶知识点提示：

【漫射】：主要用来设置材质的表面颜色和纹理贴图。通过单击右侧的色块，可以调整它自身的颜色。单击右侧的小按钮，可以选择不同贴图类型。

【反射】：材质的反射效果是靠颜色才控制的。颜色越白反射越亮，颜色越黑反射越弱。

【跟踪反射】：不勾选，Vray将不渲染反射效果。

步骤三：将调整好的白乳胶漆材质赋给顶、天花。

步骤四：选择第2个材质球，将其指定为【VrayMtl】材质，材质命名为"壁纸"，单击【漫射】右面的按钮，选择【位图】选项，在弹出的【选择位图图像】对话框中选择【素材】＞【项目一】＞【项目一材质与贴图】＞壁纸.jpg文件，如图1-43所示。

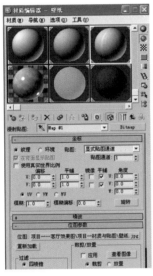

图1-43　壁纸材质贴图

步骤五：设置【坐标】卷展栏下的【模糊】为0.5。

步骤六：在【贴图】卷展栏下，将【漫射】中的位图复制到【凹凸】通道中，将数量设置为30。

步骤七：在视图中选择墙体，将调整好的"壁纸"材质赋给它。为其施加一个【UVW贴图】命令，在【贴图】选项组中选择【长方形】选项，长、宽、高设为600。

▶▶知识点提示：

【UVW贴图】：修改器控制在对象曲面上如何显示贴图材质和程序材质。贴图坐标指定如何将位图投影到对象上。UVW坐标系与XYZ坐标系相似。位图的U和V轴对应于X和Y轴。对应于Z轴的W轴一般仅用于程序贴图。可在"材质编辑器"中将位图坐标系切换到VW或WU，在这些情况下，位图被旋转和投影，以使其与该曲面垂直。

使用【UVW贴图】.修改器可执行以下操作：

● 对指定贴图通道上的对象应用七种贴图坐标之一；

● 变换贴图Gizmo以调整贴图位移；

● 在子对象层级应用贴图；

● 对不具有贴图坐标的对象（例如，导入的网格）应用贴图坐标。

步骤八：将调整好的"壁纸"材质球复制一个，材质重新命名为"电视墙布纹"，更换【漫射】中的位图为"电视背景墙布纹.jpg"，选择电视背景墙造型，为其施加一个【UVW贴图】命令，在【贴图】选项组中选择【长方形】选项，长、宽、高设为700，将"电视墙布纹"材质赋给电视背景墙。

步骤九：选择第4个材质球，将其指定为【VrayMtl】材质，材质命名为"地板"，单击【漫射】右面的按钮，添加一个"地板.jpg"的图片，设置【坐标】卷展栏下的【模糊】为0.5，在【反射】中添加【衰减】贴图，参数如图1-44所示。

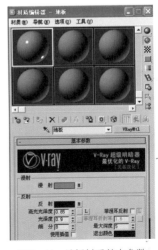

图1-44　地板材质基本参数

步骤十：在【贴图】卷展栏下，将【漫射】中的位图复制到【凹凸】通道中，将数量设置为20，为其施加一个【UVW贴图】命令，在【贴图】选项组中选择【长方形】选项，长、宽、高设为800，将调整好的材质赋给地面。为地面反射增加衰减选项，参数详见项目四地板材质设置。

将电视背景墙贴图调整为硅藻泥材质，如图1-45所示。

图1-45　电视背景墙材质效果

为了将空间显得宽敞明亮，将电视背景条纹贴图调整为镜子材质。将漫射颜色设置为深咖啡色，反射颜色设置为R54、G54、B54。镜子基本参数如图1-46所示。

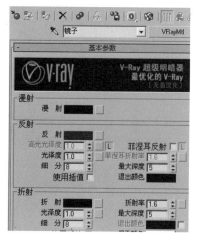

图1-46　镜子基本参数

任务9　客厅室内场景灯光的设置

将灯光分两部分来设置，分别是室内的灯光照明以及室外的日光效果。

标准灯光是基于计算机的对象，其模拟灯光，如家用或办公室灯、舞台和电影工作时使用的灯光设备，以及太阳光本身。不同种类的灯光对象可用不同的方式投射灯光，用于模拟真实世界不同种类的光源。与光度学灯光不同，标准灯光不具有基于物理的强度值。

光度学灯光使用光度学（光能）值，通过这些值可以更精确地定义灯光，就像在真实世界一样。可以创建具有各种分布和颜色特性的灯光，或导入照明制造商提供的特定光度学文件。

步骤一：单击 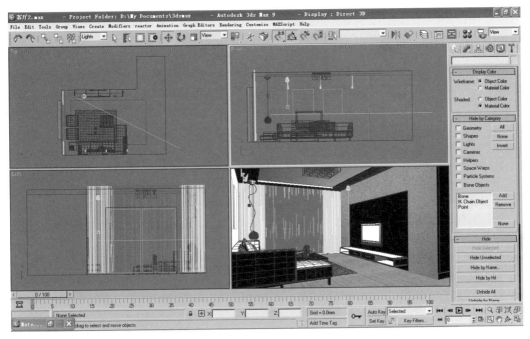（灯光）>**目标点光源** 按钮，在前视图中单击并拖动鼠标，创建一盏

【目标点光源】，将它移动到筒灯的位置，如图1-47所示。

图1-47 筒灯效果

▶▶**知识点提示**：3ds Max9提供十种类型的光度学灯光对象：目标点光源；自由点光源；目标线光源；自由线光源；目标面光源；自由面光源；IES太阳光；IES天光；mr Sky；mr Sun。

步骤二：选择灯光，进入 修改命令面板，在【强度/颜色/分布】卷展栏下【分布】右侧的下拉列表框中选择【Web】选项。在【Web参数】卷展栏下单击无按钮，在弹出的【打开光域网】对话框中选择【素材】>【项目一】>【项目一光域网】，打开多光.ies文件。

▶▶**知识点提示**：Web分布使用光域网定义分布灯光。光域网是光源的灯光强度分布的3D表示。Web定义存储在文件中。许多照明制造商可以提供为其产品建模Web文件，这些文件通常在Internet上可用。Web文件可以是IES、

LTLI或CIBSE格式。

步骤三：勾选【阴影】选项组下的【启用】选项，选择【VRay阴影】，亮度调整为800，如图1-48所示。

图1-48 筒灯基本参数

步骤四：在顶视图中用实例方式复制两盏灯，放在另外两盏筒灯的位置。

步骤五：在顶视图中创建两盏自由点光源，亮度设置为100，分别作为地灯以及装饰灯的灯光效果，如图1-49所示。

步骤六：单击 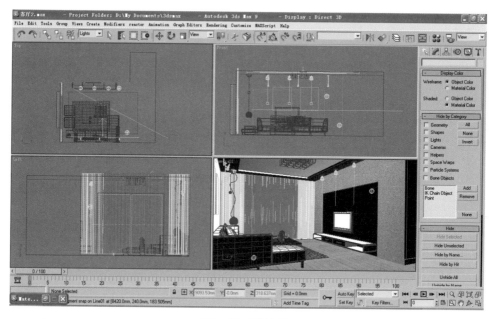（灯光）> VR灯光按钮，在前视图中单击并拖动鼠标，创建一盏【VR灯光】，将其灯光类型调整为面光，调整参

数，将它移动到灯槽的位置，如图1-50所示。

▶▶**知识点提示：**【VR灯光】只有三种，一是VR灯光，分片状、球状、半球状；二是VR太阳，用来模拟阳光的照射；还有就是VRIES，这个也可以视作VR的光度学聚光灯来用。

图1-49　复制灯光

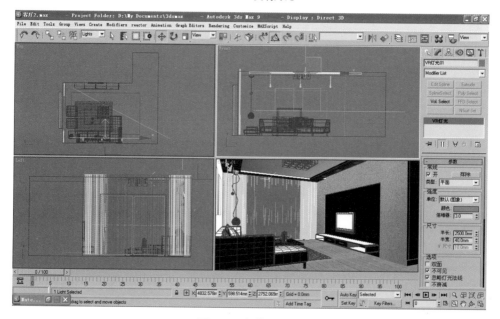

图1-50　灯槽面光源

步骤七：用镜像工具在顶视图沿y轴镜像复制一盏灯，再用旋转复制的方式复制两盏灯，长度可以用缩放工具进行缩放。

步骤八：在顶视图中电视背景墙上面的装饰洞位置创建一盏VR面光，来模拟灯槽效果，亮度设置为3，灯光的颜色为淡黄色。最终的效果如图1-51所示。

步骤九：在左视图中窗户的位置创建一盏

VR灯光，来模拟天空光，亮度设置为2，颜色设置为淡蓝色。

步骤十：单击 > 目标平行光 按钮，在前视图中单击并拖动鼠标，创建一盏【日标平行光】，进入修改命令面板，修改参数，然后移到合适的位置，参数的设置及灯光的位置如图1-52所示。

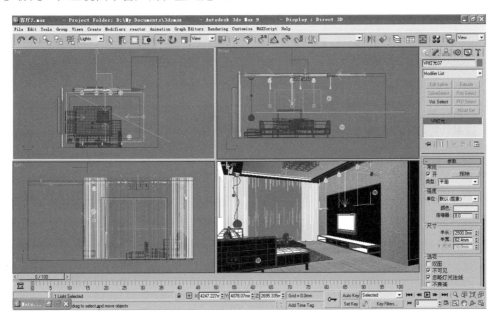

图1-51 吊顶灯槽灯光

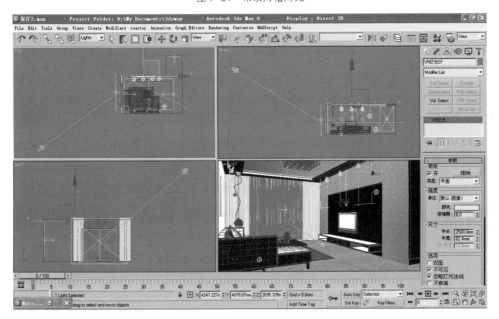

图1-52 目标平行光参数

任务10 客厅室内场景效果的最终设置及渲染

步骤一：选择窗户Vray的平面光，将灯光默认的【细分】值8修改为20，同时修改【目标平行光】的Vray阴影参数。

步骤二：重新设置按F10键，在打开的【渲染场景】对话框中，选择【渲染器】选项卡，设置【全局开关】、【图像采样】、【间接照明】和【发光贴图】的参数，如图1-53所示。

步骤三：当各项参数都调整完成后，就可以渲染成图了，将输出的图纸尺寸设置为2000×1500，单击渲染按钮，如图1-54所示。

步骤四：将文件命名为"客厅.tif"，保存类型为*.tif格式，如图1-55所示。

步骤五：单击渲染按钮。经过几个小时的渲染，最终渲染效果如图1-56所示。

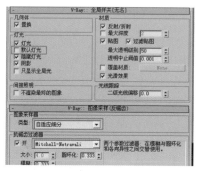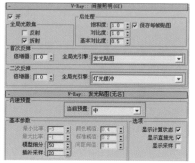

图1-53 渲染参数

图1-54 输出大小　　　　图1-55 保存输出文件

图1-56 简单客厅效果图

项目小结

在本例中，主要按实际工作流程，完成了简单客厅从设计到制作的过程。该设计采用简洁、大方的现代风格，力求用简单的方式打造精致、实用的生活空间；在制作过程中，主要学习了将CAD平面图导入到3ds Max中应用POLY命令建立墙体、电视背景墙的方法，对于材质的学习，主要介绍了白乳胶漆、壁纸、地板、玻璃材质的设置选项和参数，对于灯光的学习，本例重点介绍了采用自由点光、Vray面光、目标平行光制作室内灯光、阳光的效果，并结合Vray渲染器进行渲染。

希望大家通过本案例的学习，掌握简单客厅制作方法及相关建模、材质及阳光加灯光效果的技法表现，并能灵活应用于其他空间。

阳光卧室效果图

通过本案例的学习，了解卧室阳光效果制作方法。其中需要掌握的命令包括CAD模型的导入、可编辑多边形命令、成组、Ctrl+A全选、捕捉命令、F3线框显示命令、法线翻转、Loft放样命令、FFD3*3*3命令、编辑网格、复制、环境和效果等命令；需要掌握的主要材质为木地板、白乳胶漆、壁纸、玻璃等常用材质，其中涉及的通道包括凸凹通道、衰减通道等重要知识；需要重点掌握运用VR灯光来模拟天空光及目标平行光制作阳光效果；需要掌握Vray渲染器的设置并进行渲染；熟悉并掌握运用Photoshop进行效果图的后期处理的相关知识点，从而使效果图达到真实的效果。

能熟练运用可编辑多边形命令、成组、Ctrl+A全选、捕捉命令、F3线框显示命令、法线翻转、Loft放样命令、FFD3*3*3命令、编辑网格、复制、环境和效果等命令制作室内模型，并能举一反三制作其他模型。

能熟练制作木地板、白乳胶漆、壁纸、玻璃等常用材质。

能熟练运用Vray面光模拟天光并结合目标平行光，制作出较真实的阳光效果，达到能举一反三地处理灯光的效果。

能运用Photoshop相关知识进行效果图的后期处理。

能熟练掌握Vray渲染器，并熟练掌握其中的选项和参数设置。

任务1　项目描述

本例通过制作卧室效果图来学习如何将AutoCAD图纸导入到3ds Max软件中进行冻结，然后利用3ds Max提供的面板以及可编辑多边形命令专业地进行模型建立，从而达到准确、快速地建模。最后合并家具、调整材质、设置Vray面光模拟天光并结合目标平行光，制作出较真实的阳光效果，最终用Vray进行渲染出图，再通过Photoshop进行后期处理。

为了对本卧室设计有个更加清晰的认识，在此将卧室的平面家具摆设图绘制出来，整体的布局效果如图2-1所示。

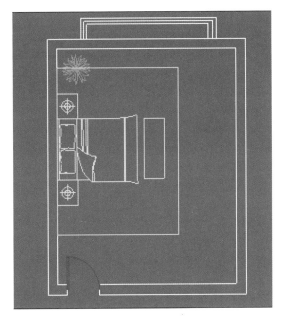

图2-1　整体布局效果

任务2　CAD图输入3DMax软件

步骤一：启动3ds Max 2009软件，单击菜单栏中的【自定义】＞【单位设置】命令，将弹出【单位设置】对话框，将【显示单位比例】和【系统单位比例】设置为毫米，如图2-2所示。

步骤二：单击菜单栏中的【文件】＞【导入】命令，在弹出的【选择要导入的文件】对话框中，选择【素材】＞【项目二】，在【文件类型】下拉列表中选择【AutoCAD图形(*.DWG，*.DXF)】格式，在列表中选择"卧室CAD平面图.dwg"文件，单击 **打开 (0)** 按钮，弹出的对话框如图2-3所示。

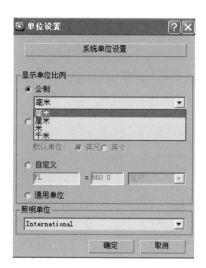

图2-2 单位设置

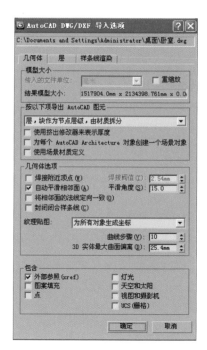

图2-3 AutoCAD DWG/DXF 导入选项

步骤三：在弹出的【AutoCAD DWG/DXF 导入选项】对话框中单击 确定 按钮，这样"卧室CAD平面图.dwg"文件就导入到3ds Max场景中，如图2-4所示。

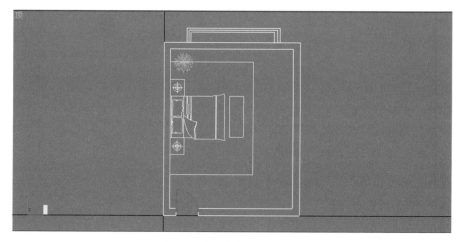

图2-4 导入卧室CAD平面图

任务3 卧室主体结构模型制作

步骤一：按Ctrl+A键。选择所有线形，单击菜单栏中【组】>【成组】命令，将卧室的图纸组成为一组，选择图纸，右击鼠标，在弹出的快捷菜单中选择【冻结当前选择】命令，将图纸冻结，这样在后面的操作中就不会选择和移动图纸，如图2-5所示。

▶▶知识点提示：冻结之后的图纸是灰色的，看不太清楚，为了观察方便，可以将冻结物体的颜色改变。

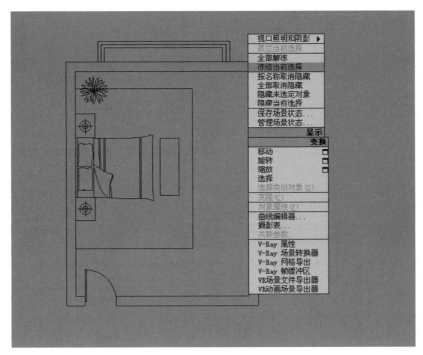

视口照明和阴影 ▶
孤立当前选择
全部解冻
冻结当前选择
按名称取消隐藏
全部取消隐藏
隐藏未选定对象
隐藏当前选择
保存场景状态...
管理场景状态...
　　　　　　显示
　　　　　　变换
移动　　　　　　□
旋转　　　　　　□
缩放　　　　　　□
选择
选择类似对象 (S)
克隆 (C)
对象属性 (P)
曲线编辑器...
摄影表...
关联参数
V-Ray 属性
V-Ray 场景转换器
V-Ray 网格导出
V-Ray 帧缓冲区
VR场景文件导出器
VR动画场导出器

图2-5　冻结图纸

步骤二：单击菜单栏中的【自定义】> 【自定义用户界面】命令，在弹出的【自定义用户界面】对话框中，选择【颜色】选项卡，在【元素】右侧的下拉列表中选择【几何体】选项，在下面的列表框中选择【冻结】选项，单击颜色右边的色块，在弹出的【颜色选择器】对话框中选择一种方便观察的颜色，单击 确定 按钮即可。如图2-6所示。

图2-6　自定义用户界面

步骤三：激活顶视图，按Alt+W键，将视图最大化显示。

步骤四：按S键将捕捉打开，捕捉模式采用2.5维捕捉，捕捉方式采用顶点捕捉，设置的捕捉及选项的设置，如图2-7、图2-8所示。

图2-7 捕捉设置

图2-8 选项设置

▶▶知识点提示：捕捉工具有3种，系统默认设置为3D捕捉（3维捕捉），在3D捕捉按钮中还隐藏着另外2种捕捉方式，2D捕捉（2维捕捉）和2.5D捕捉（2.5维捕捉）。

3D捕捉：启用该工具，创建二维图形或者创建三维对象的时候，鼠标光标可以在三维空间的任何地方进行捕捉。

2D捕捉：只捕捉激活视图构建平面上的元素，Z轴向被忽略，通常用于平面图形的捕捉。

2.5D捕捉：是二维捕捉和三维捕捉的结合。2.5D捕捉能捕捉三维空间中的二维图形和激活视图构建平面上的投影点。

步骤五：用捕捉的方式创建一个5700mm×4500mm×2700mm的长方体，作为卧室的空间，即卧室的进深为5700mm，开间为4500mm，高度为2700mm，这样卧室的主体框架就出来了，如图2-9所示。

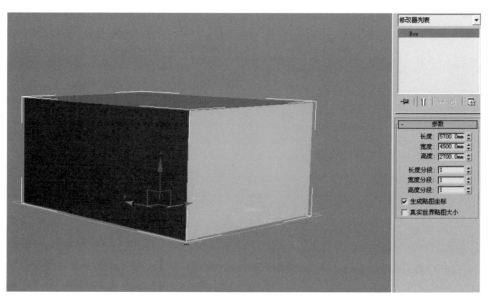

图2-9 卧室的主体框架

任务4　卧室场景模型创建

步骤一：选择长方体，单击鼠标右键，在弹出的快捷菜单中选择【转换为】>【转换为可编辑多边形】命令，将墙体转换为可编辑的多边形，在透视图按F3将实体转换成线框显示。如图2-10所示。

▶▶**知识点提示**：编辑基础模型的点、线、面、多边形等子对象级，可以灵活地改变模型的形状，这种建模方式称为多边形建模。多边形建模是3ds Max建模中比较常用的建模方式，是一种使用灵活、易学易用的建模方法。

步骤二．按2，进入 ◢（边）了物体层级，在凸窗的位置选择上下两条边，单击鼠标右键，在弹出的快捷菜单中选择【连接】左侧的小按钮 ▢▬▬▬▬▬ 连接 ，在弹出的对话框中将分段设置为1，单击【确定】按钮，如图2-11所示。

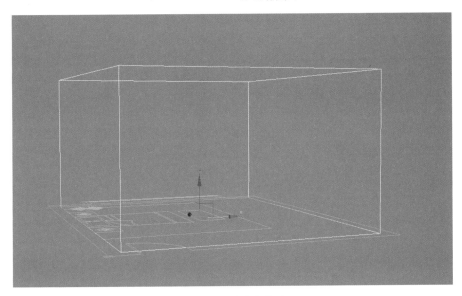

图2-10　墙体多边形

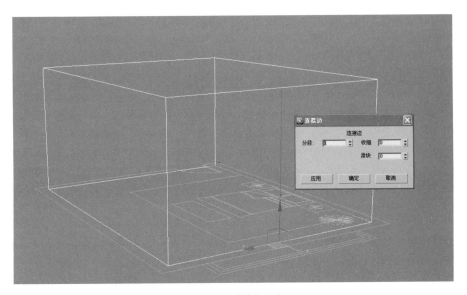

图2-11　连接上下边

步骤三：单击鼠标右键，在弹出的快捷菜单中选择【切角】左侧的小按钮 ⬚▬▬▬▬切角 ，在弹出的对话框中将切角量设置为1650，单击【确定】按钮，如图2-12所示。

步骤四：按住Ctrl键，再选择两侧的边，单击鼠标右键，在弹出的快捷菜单中选择【连接】左侧的小按钮 ⬚▬▬▬▬连接 ，在弹出的对话框中将分段设置为2，单击【确定】按钮，如图2-13所示。

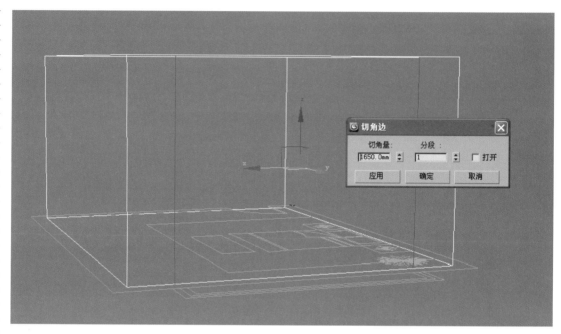

图2-12　切角边

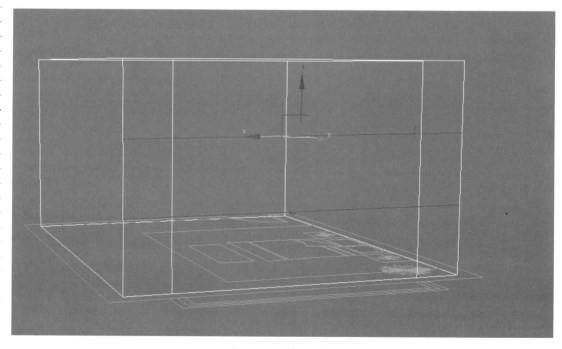

图2-13　连接两侧边

步骤五：在前视图，分别向上、向下调整两条线位置，如图2-14所示。

步骤六：进入■（多边形）子物体层级，在透视图中，选择中间的面，单击鼠标右键，在弹出的快捷菜单中选择【连接】左侧的小按钮■ 连接 ，在弹出的对话框中将挤出的高度设置为600，单击【确定】按钮，如图2-15所示。

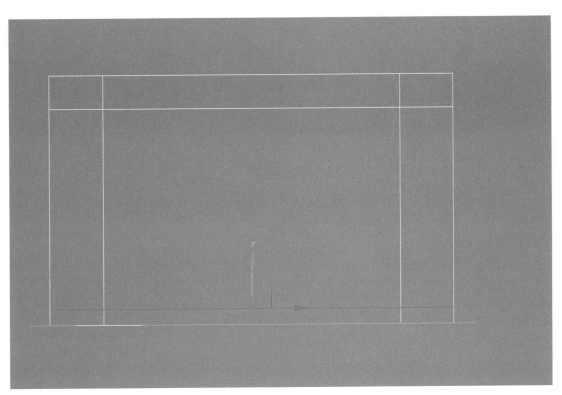

图2-14 调整线位置

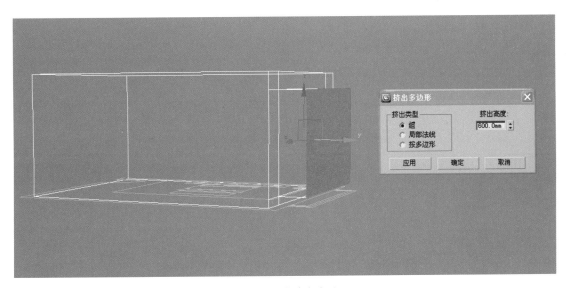

图2-15 挤出多边形

步骤七：进入 ◁（边）子物体层级，选择如图2-16所示的四条边，单击鼠标右键，在弹出的快捷菜单中选择【连接】左侧的小按钮□▬▬▬▬▬ 连接 ，在弹出的对话框中将分段设置为1，单击【确定】按钮，如图2-17所示。

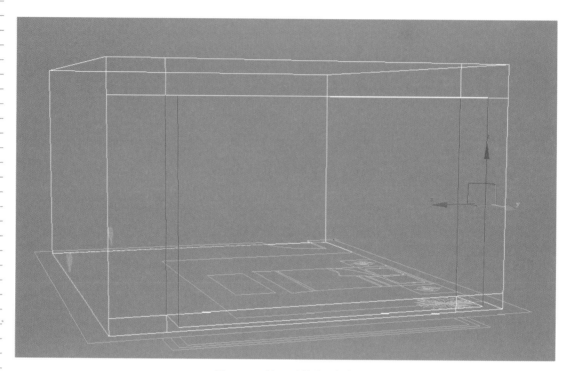

图2-16　选择需连接的四条边

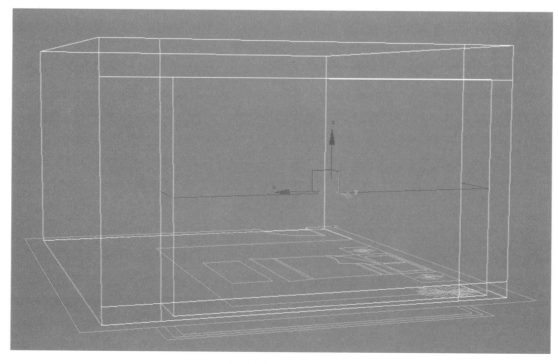

图2-17　连接四条边

步骤八：选择如图2-18所示的五条边，单击鼠标右键，在弹出的快捷菜单中选择【连接】左侧的小按钮 □ ████ 连接 ，在弹出的对话框中将分段设置为1，单击【确定】按钮，如图2-19所示。

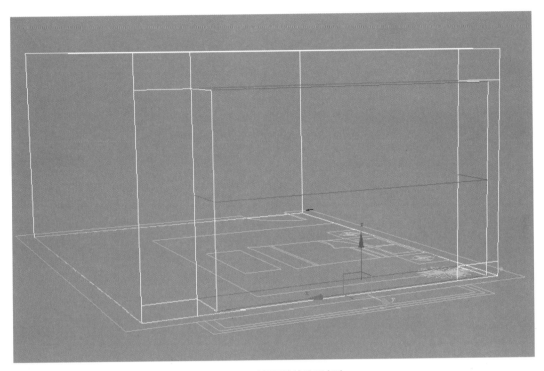

图2-18　选择需连接的五条边

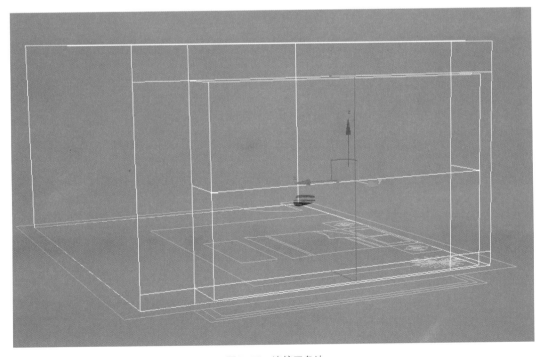

图2-19　连接五条边

步骤九：按4键，进入□（多边形）子物体层级，在透视图中，选择如图2-20所示的面，单击鼠标右键，在弹出的快捷菜单中选择【插入】左侧的小按钮□　　　插入　，在弹出的对话框中将插入量设置为30，单击【确定】按钮。

步骤十：分别选择正面的其他三个面，和左右两侧的四个面，采用同样的方法，进行面的插入，最终效果如图2-21所示。

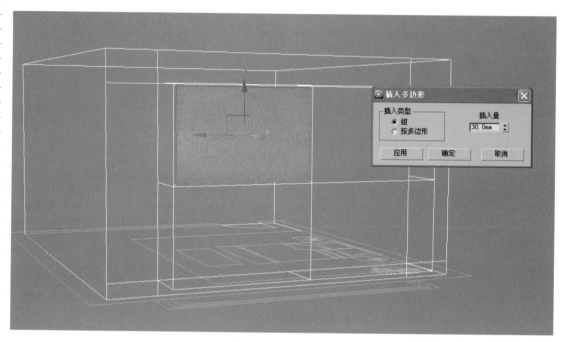

图2-20　插入多边形

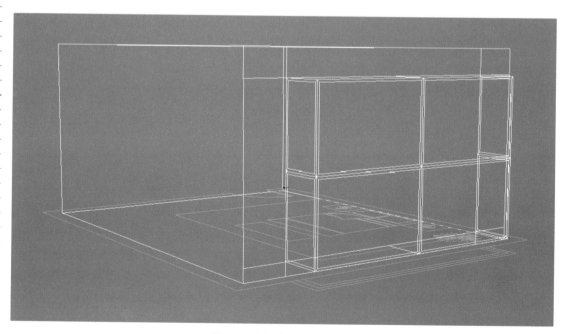

图2-21　插入多边形后的效果

步骤十一：按F3进行实体转换，按F4进行实体加线框显示，选择如图2-22所示的面进行挤出，挤出数量为−60。

步骤十二：按5，进入 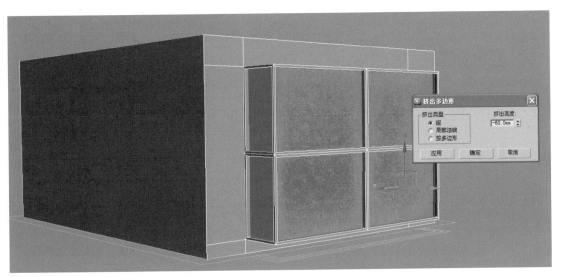（元素）子物体层级，按Ctrl+A键，单击【翻转】按钮，将法线进行翻转，如图2-23所示。

图2-22　实体转换、加线框及挤出多边形操作

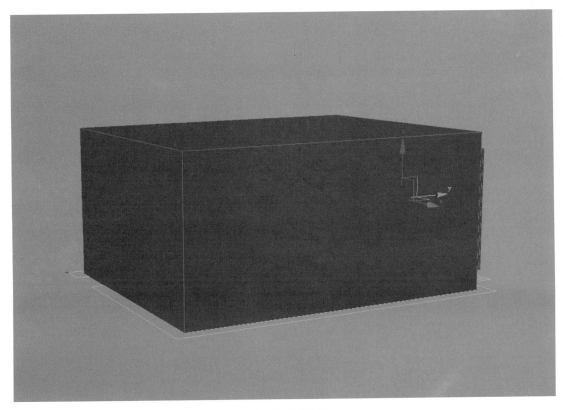

图2-23　法线翻转

步骤十三：选择如图2-24所示的里面进行挤出，挤出数量为-60。

▶▶**知识点提示**：为了方便观察，可以对墙体进行消隐。

步骤十四：单击鼠标右键，在弹出的快捷菜单中选择【对象属性】，弹出如图2-25所示对话框，选择【背面消隐】，按F3进行实体转换，按F4进行实体加线框显示，最终结果如图2-26所示。

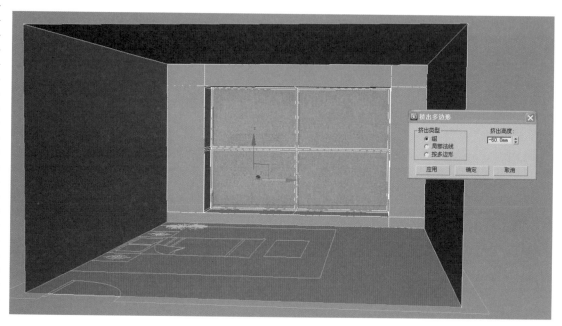

图2-24　房间里面挤出多边形操作

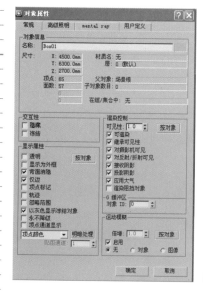

图2-25　对象属性

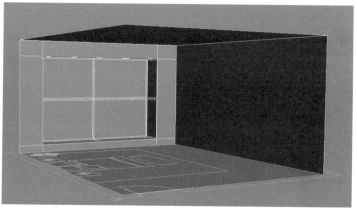

图2-26　实体加框线显示结果

步骤十五：按4键，进入 ▢（多边形）子物体层级，在透视图中选择顶的面，单击鼠标右键，在弹出的快捷菜单中选择【倒角】左侧的小按钮▢⬛⬛⬛⬛ 倒角 ⬛，在弹出的对话框中设置【轮廓量】为 10，然后单击【应用】按钮，如图2-27所示。

步骤十六：接着设置【高度】为−80.0mm，单击【应用】按钮，如图2-28所示。接着再设置【轮廓量】为−100.0mm，单击【应用】按钮，如图2-29所示。再次设置【高度】为 30.0mm，单击【应用】按钮，如图2 30所示。

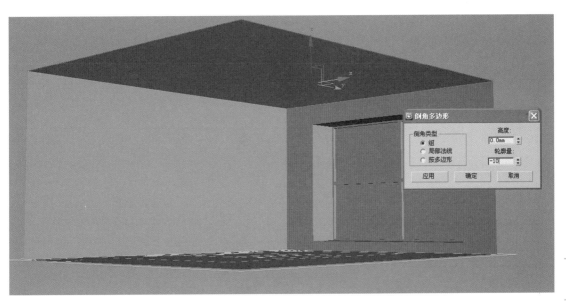

图2-27　倒角多边形（一）

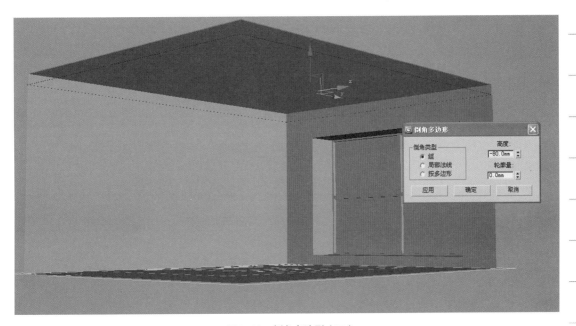

图2-28　倒角多边形（二）

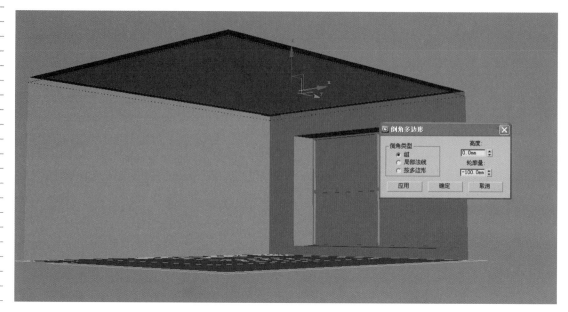

图2-29 倒角多边形（三）

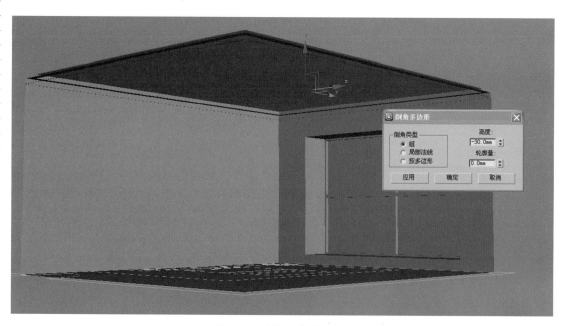

图2-30 倒角多边形（四）

任务5 卧室常用模型合并

步骤一：单击菜单栏中的【文件】＞【合并】命令，在弹出的【合并文件】对话框中，选择【素材】＞【项目二】＞【项目二模型】，选择"床.max"文件，单击 **打开(0)** 按钮，弹出的对话框如图2-31所示。

步骤二：选择床，点击确认，利用缩放工具和移动工具在顶视图和前视图调整床的位置，最终效果如图2-32所示。

步骤三：用同样的方法，将窗帘，吊灯和盆栽合并到场景中，移到合适的位置，如图2-33所示。

图2-31　合并床模型

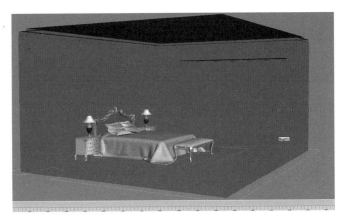

图2-32　合并床的效果

图2-33　合并其他模型后的效果

步骤四：在顶视图合适的位置创建一架目标摄像机，然后将摄像机移动到高度为1000mm左右。

▶▶知识点提示：为了方便调整摄像机，可以使用选择过滤器，在顶视图和前视图调整摄像机和目标点。

"选择过滤器"工具用于设置场景中能够选择的对象类型，这样可以避免在复杂场景中选错对象。在"选择过滤器"工具的下拉列表框中，包括几何体、图形、灯光、摄像机等对象类型。

步骤五：激活透视图，按下C键，将视图切换为摄像机视图，调整镜头为28，效果如图2-34所示。

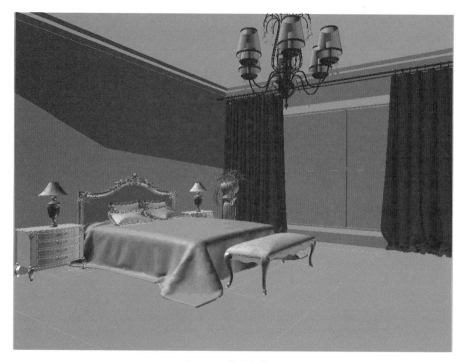

图2-34　摄像机效果

任务6　Vray渲染检测卧室模型

步骤一：按下M键，打开【材质编辑器】对话框，选择一个未使用的材质球，调整一个灰度为220的Vray基本材质，将调好的材质拖动到【全局开关】卷展栏下的【覆盖材质】右面的按钮上，如图2-35所示。

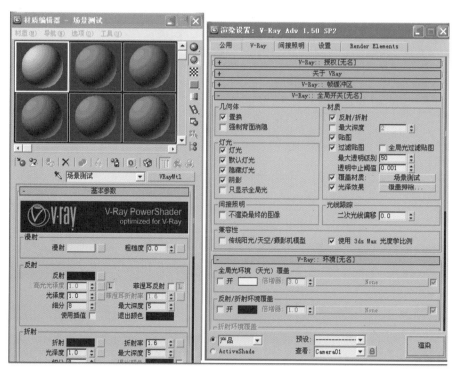

图2-35　场景测试及渲染设置

步骤二：设置【图像采样器】类型为【固定】方式，关闭【抗锯齿过滤器】，如图2-36所示。

速度，如图2-37所示。

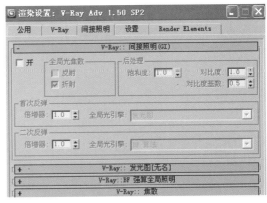

图2-37 间接照明设置

步骤四：为了方便，直接使用默认灯光。

步骤五：为了在测试中得到一个比较快的速度，将渲染的图像尺寸设置成640mm×480mm。场景的基本设置完成后，单击渲染按钮，进行快速渲染，效果如图2-38所示。

图2-36 渲染设置

步骤三：关闭【间接照明】，以提高渲染

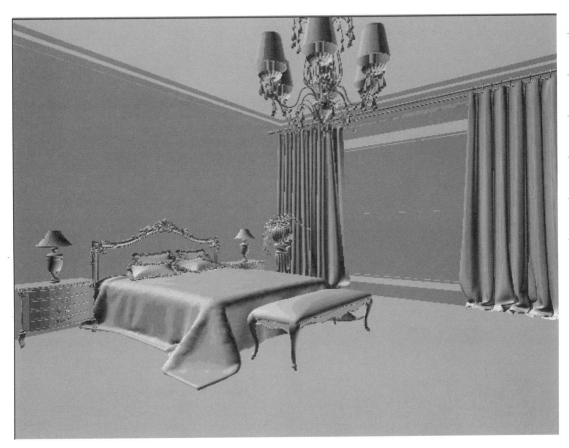

图2-38 卧室快速渲染效果

任务7　卧室室内场景材质的设置

步骤一：按下M键，打开【材质编辑器】对话框，选择第一个材质球，单击标准按钮，在弹出的【材质/贴图浏览器】对话框中选择【VRayMtl】材质，如图2-39所示。

步骤二：将材质命名为"白乳胶漆"，设置【漫射】颜色值为（红251，绿251，蓝251）；【反射】颜色值为，（红23，绿23，蓝23）；将【选项】卷展栏下的【跟踪反射】选项的勾选取消。效果如图2-40所示。

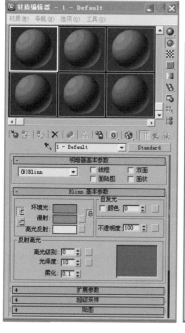

图2-39　材质设置

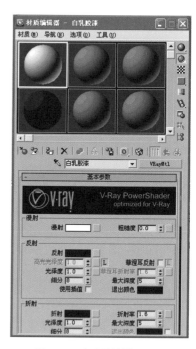

图2-40　白乳胶漆材质设置

步骤三：将调整好的材质赋给墙体。

步骤四：选择背景墙，进行分离，选择第2个材质球，将其指定为【VRayMtl】材质，材质命名为"壁纸"，单击【漫射】右面的按钮，选择【位图】选项，在弹出的【选择位图图像】对话框中选择【素材】＞【项目二】＞【项目二材质】＞壁纸.bmp文件。

步骤五：设置【坐标】卷展栏下的【模糊】为0.5，这样可以使贴图更加清晰。

步骤六：在【贴图】卷展栏下，将【漫射】中的位图复制到【凹凸】通道中，将数量设置为30。效果如图2-41所示。

步骤七：把调好的材质赋给背景墙，给背景墙添加一个UVW贴图命令，在贴图选项中选择平面贴图，设置U向平铺为10，V向平铺

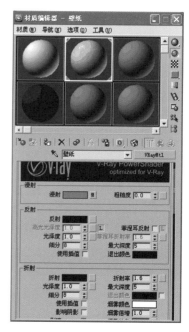

图2-41　壁纸材质设置

为15。

步骤八：选择第3个材质球，将其指定为【VRayMtl】材质，材质命名为"地板"，单击【漫射】右面的按钮，添加一个地板 .bmp 的图片，设置【坐标】卷展栏下的【模糊】为0.5。效果如图2-42所示。

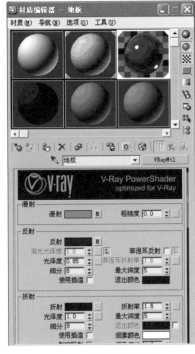

图2-42　地板材质设置

步骤九：在【贴图】卷展栏下，将【漫射】中的位图复制到【凹凸】通道中，将数量设置为20，将调好的材质赋给地面。

步骤十：选择第4个材质球，将其命名为VRayMtl材质，材质命名为玻璃，调整漫射的颜色为淡绿蓝色，反射和折射为白色，把调好的材质赋给玻璃。

任务8　卧室室内场景灯光的设置

将灯光分两部分来设置，分别是室内的灯光照明以及室外的日光效果。

步骤一：在窗户的位置创建一盏VR灯光，来模拟天空光，亮度设置为5，颜色设置为淡蓝色。参数的设置及灯光的位置如图2-43所示。

步骤二：利用移动复制的方法复制一盏，放在窗的对面，亮度修改为3。灯光的位置如图2-44所示。

步骤三：单击 ❄（灯光）> 目标平行光 按钮，在前视图中单击并拖动鼠标，创建一盏【目标平行光】，进入修改命令面板，修改参数，然后移到合适的位置，参数的设置及灯光的位置如图2-45、图2-46所示。

图2-43　VR灯光设置

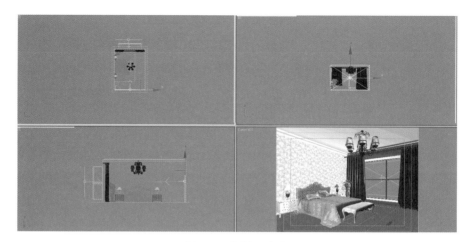

图2-44 复制VR灯光

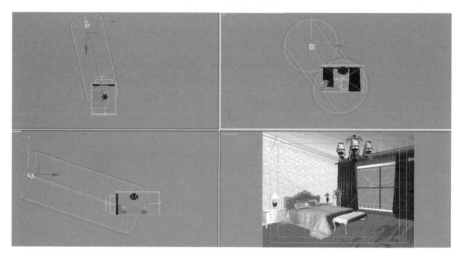

图2-45 目标平行光设置

图2-46 平行光参数

任务9 卧室室内场景效果的最终设置及渲染

步骤一：打开【环境和效果】对话框，设置背景贴图为风景.JPG。如图2-47所示。

步骤二：按F10键，在打开的【渲染场景】对话框中，选择【渲染器】选项卡，设置【全局开关】、【图像采样】、【间接照明】和【发光贴图】的参数，如图2-48、图2-49所示。

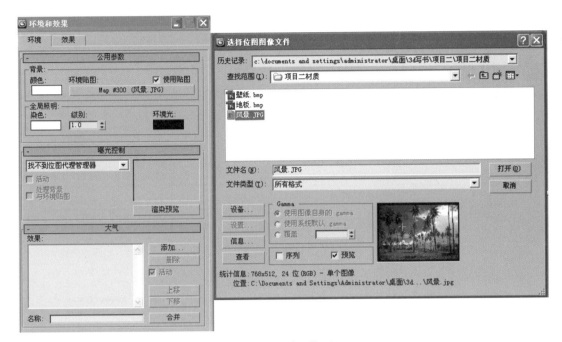

图2-47 环境和效果设置

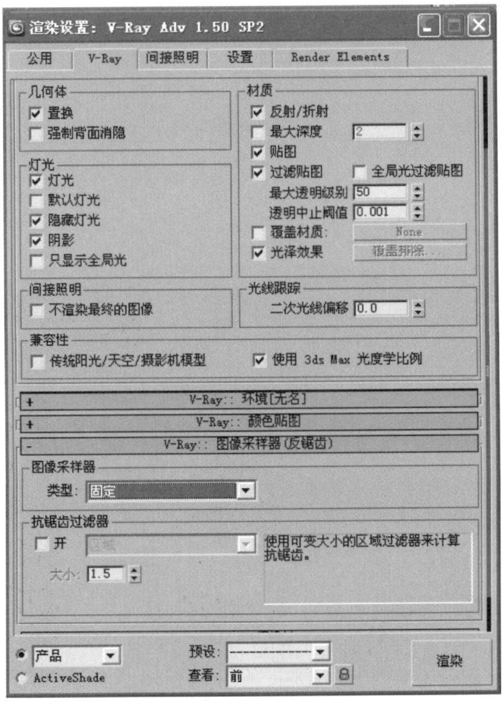

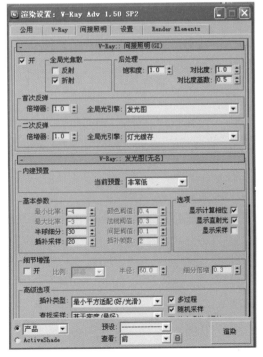

图2-48 V-Ray渲染设置

图2-49 间接照明设置

步骤三：再设置一下【环境】和【颜色贴图】参数，如图2-50所示。

图2-50 环境和颜色贴图参数

如果感觉满意了，就可以设置最终的渲染参数，需要把灯光和渲染的参数提高，来得到更好的渲染效果。

步骤四：重新设置，按F10键，在打开的【渲染场景】对话框中，选择【渲染器】选项卡，设置【全局开关】、【图像采样】、【间接照明】和【发光贴图】的参数，如图2-51所示。

图2-51

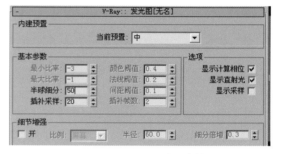

图2-51 设置最终渲染参数

步骤五：当各项参数都调整完成后，就可以渲染成图了，将输出的图纸尺寸设置为2000mm×1500mm，单击渲染按钮，如图2-52所示。

图2-52 公用参数

步骤六：经过几个小时的渲染，最终的渲染效果如图2-53所示。

图2-53 卧室渲染效果

步骤七：等渲染完成后，单击保存位图按钮，在弹出的浏览图像供输出对话框中，将文件命名为"卧室.tif"，保存类型为*.tif格式，单击保存按钮，就可以将渲染的图像保存起来。

任务10　Photoshop后期处理

步骤一：启动Photoshop CS3中文版。

步骤二：打开【素材】＞【项目二】＞【卧室效果图.tif】文件，效果如图2-54所示。

图2-54　Photoshop导入

现在观察效果图，发现出图偏暗，这就需要使用Photoshop来调节亮度和对比度。

步骤三：按Ctrl+M键，打开【曲线】对话框，调整参数，如图2-55所示。

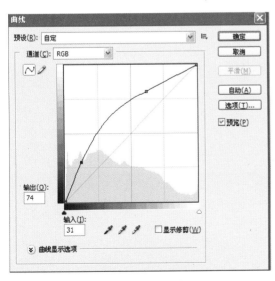

图2-55　曲线对话框

步骤四：也可以打开【亮度/对比度】对话框，调整它的亮度和对比度，最终调整后的效果如图2-56所示。

图2-56　调整亮度和对比度后的效果

这时候发现屋顶较暗，可以对局部进行减淡操作。

步骤五：单击工具箱中的　（减淡工具），调整曝光度为50%，将画笔的直径调大一点，在要加亮的位置拖动鼠标来回扫几下，效果就比较理想了。效果如图2-57所示。

图2-57　局部减淡后的阳光卧室效果图

此时，客厅的后期处理基本完成，用户可以根据自己的感受，对效果图的每一部分进行精细调整。

在本章，主要练习了阳光卧室的设计与制作，在设计过程中，用专业的思路带领读者将CAD平面图导入到3ds Max中来建立模型，然后进行合并家具、赋材质、设置灯光、Vray渲染，最后使用Photoshop进行效果图的后期处理，从而达到真实的效果。

希望通过对本案的学习，能灵活运用VR灯光、目标平行光模拟制作阳光效果。

课外习题：卧室基本模型的创建

模型一　窗帘的制作

步骤一：选择 ＋ → ＋ →【线】工具，在【顶】视图中绘制一条如图2-58所示的曲线，作为放样的截面图形。

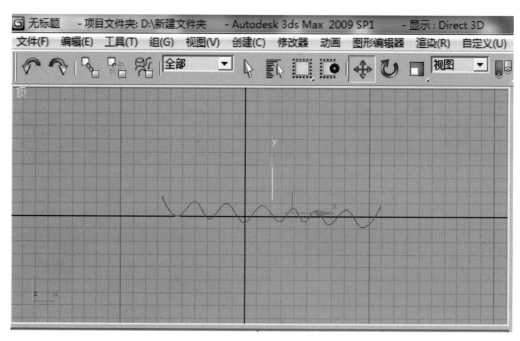

图2-58　放样截面图形

▶▶知识点提示：在 ＋→Create（创建）命令面板 ＋→Shapes（图形）中，选择Line（线）。在顶视图中，单击创建起始点，松开左键移动鼠标到新的位置，单击创建直线，右键单击结束创建，此方法可以创建开放的样条线。注意：在创建的过程中，单击鼠标可以绘制直线段，单击并拖动鼠标将创建Bezier曲线段。

线创建完成后，总要对它进行一定程度的修改，以达到满意的效果，这就需要对顶点进行调整。顶点有4种类型：分别是Bezier-角点、Bezier、角点和平滑。

步骤二：选择 ＋ → ＋ →【线】工具，在【前】视图中绘制一条直线段，作为放样的路径，如图2-59所示。

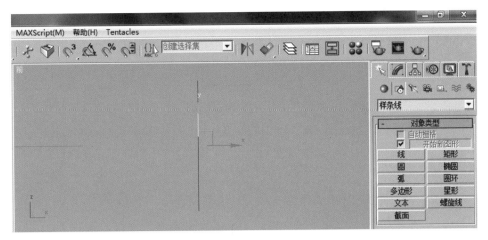

图2-59　放样路径

步骤三：选择 🔧 → 📦 →【复合对象】→【放样】工具，在创建方法卷展栏中单击【获取图形】按钮，然后在顶视图中选择曲线放样截面，在【蒙皮参数】卷展栏中，选择【翻转法线】复选框，如图2-60所示。

▶▶**知识点提示**：放样作为一个经典的工具有其自身的优点，方便、快捷、易理解掌握，所以被经常运用到实际建模中。放样对象是将若干个二维图形作为横截面，沿着一条路径生成的曲面对象。横截面的数量不受限制，可以是开放的或者闭合的，但是路径只能有一条。路径也可以是闭合的或者开放的。

放样前首先要确认截面和路径的制作。路径只能有一条，截面数量不限，两者都可以是开放的或是封闭的。

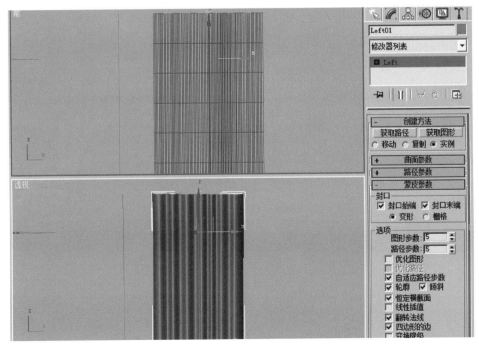

图2-60　放样工具

步骤四：选择放样模型，在【变形】卷展栏中单击【缩放】按钮打开缩放变形窗口如图2-61所示。

▶▶**知识点提示**：变形命令的控制窗口中参数的意义。

：锁定X、Y轴，使它们的控制效果相同。

：红色显示X轴控制线。

：不锁定的情况下，绿色显示Y轴控制线。

：显示X、Y轴控制线，可以同时各自编辑。

：将X、Y轴的控制线交换。

：控制器中的控制点移动工具。

：垂直移动选择的控制点。

：在控制线上加点工具。

：删除当前选择的控制点。

：将控制线恢复为原始状态。

步骤五：单击 按钮对X轴曲线进行变形，单击 按钮，在曲线的60位置处单击鼠标插入一个控制点，选择 按钮对点进行移动调节如图2-62所示。

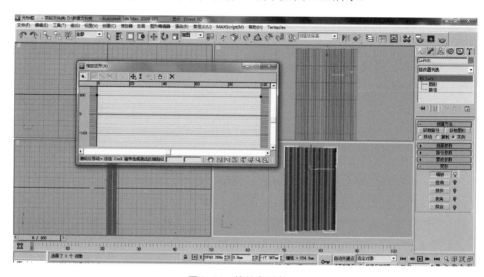

图2-61　缩放变形窗口

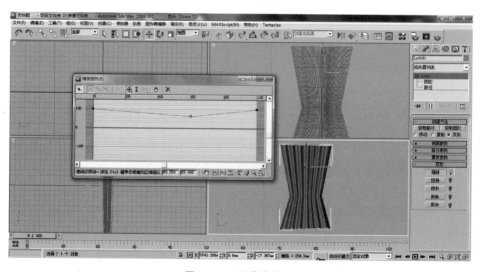

图2-62　X轴曲线变形

步骤六：选择插入的控制点并按下鼠标右键，在打开的右键菜单中选择【Bezier-角点】，然后对其进行调整，如图2-63所示。也可多加几个点，调整出各种形状。

步骤七：在 ▨ 命令面板中定义当前选择集为【图形】，选择放样对象的截面图形，在【图形命令】卷展栏中的【对齐】区域下单击【左】按钮，在截面图形的左边与路径对齐，如图2-64所示。

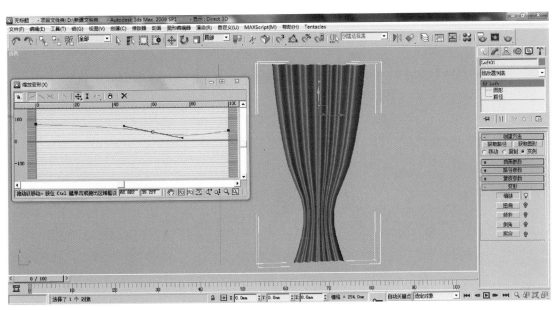

图2-63　Bezier-角点调整

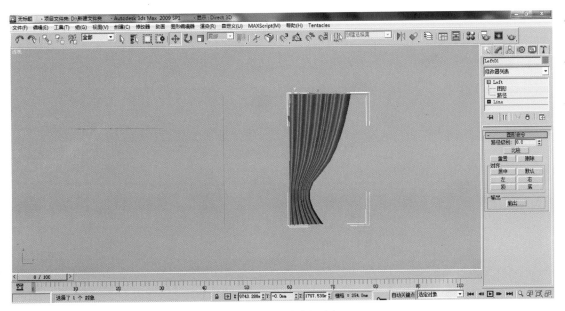

图2-64　左边路径对齐

步骤八：通过对窗帘进行镜像复制，并为其制作窗帘杆、窗帘环、窗帘绳等其他对象以及为其指定材质，可以使窗帘更加精细、逼真。如图2-65所示。

▶▶**知识点提示**：当建模中需要创建两个对称的对象时，如果使用直接复制，对象间的距离很难控制，而且要使两对象相互对称直接复制是办不到的，使用"镜像"工具就能很简单地

解决这个问题。

使用"镜像"工具进行复制操作，首先应该熟悉轴向的设置，选择对象后点击"镜像"工具，可以依次选择镜像轴，视图中的复制对象是随镜像对话框中镜像轴的改变实时显示的，选择合适的轴向后单击"确定"按钮即可，单击"取消"按钮则取消镜像。

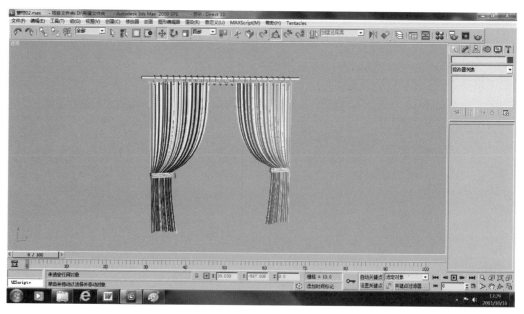

图2-65　窗帘模型

模型二　枕头的制作

步骤一：选择 ![icon] → ![icon] →【扩展基本体】→【切角长方体】工具，在【顶】视图中创建一个如图2-66所示的切角长方体。

步骤二：在 ![icon] 命令面板中添加FFD3*3*3命令，如图2-67所示。

▶▶**知识点提示**：FFD是一种可以通过编辑控制点来改变物体形状的方法。通过使用通用的变换工具可调节物体表面的控制点，并使改变后的物体表面能够平滑过渡。

FFD修改器包括3个次对象层为：控制点、晶格、设置体积，可以在堆栈栏中单击FFD修

改器左边的"+"按钮来展开次对象层。当单击某个次对象层时会选中它，此时该层会以黄色背景高亮显示，这样就可以在视图中对该次对象层进行修改。

【控制点】：当选中【控制点】次对象层时，框架及节点以黄色显示，此时只能对整个框架进行操作。

【晶格】：选中【晶格】次对象层时，框架以黄色显示，此时只能对整个框架进行操作。

【设置体积】：选中【设置体积】次对象层时，控制点以绿色显示，此时对控制点的变换不影响物体的形状。

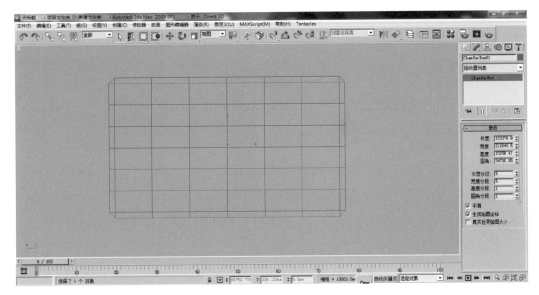

图2-66　创建切角长方体

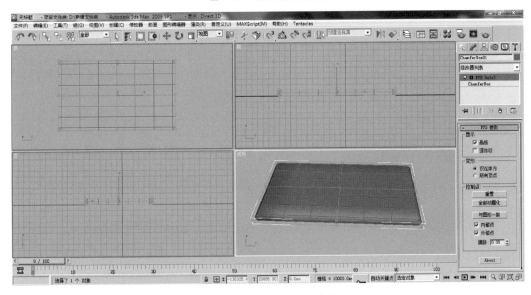

图2-67　添加FFD3*3*3命令

步骤三：选择FFD3*3*3命令，按"1"快捷键，在控制点子选择集下，在顶视图选择如图2-68所示的点用缩放工具进行缩放。

步骤四：在控制点子选择集下，在顶视图选择如图2-69所示的点用缩放工具进行缩放。

步骤五：在透视图选择上表面中间的点，用移动工具在前视图向上移动，如图2-70所示。

▶▶ **知识点提示**：利用移动工具可以使对象沿两个轴向同时移动，观察对象的坐标轴，会发现每两个坐标轴之间都有共同区域，当鼠标光标移动到此处区域时，该区域会变黄，按住鼠标左键不放并拖曳光标，对象就会跟随光标一起沿两个轴向移动。

启用移动工具有以下几种方法：

① 单击工具栏中的"移动"工具按钮；

② 按W键；

③ 选择对象后单击鼠标右键，在弹出的菜单中选择"移动"命令。

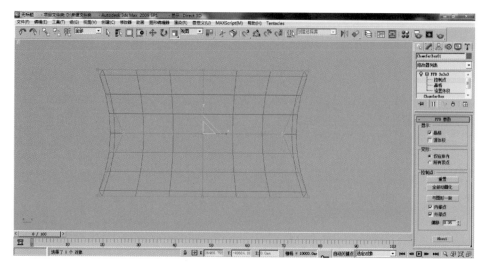

图2-68 左右缩放

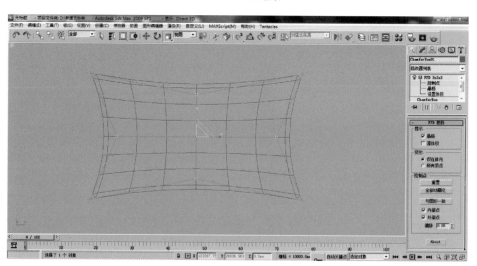

图2-69 上下缩放

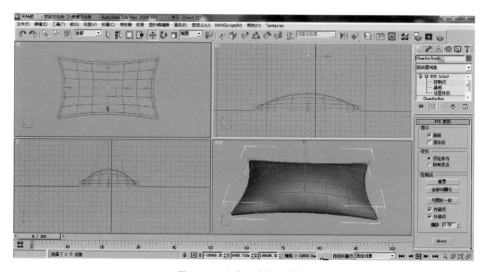

图2-70 上表面中间点移动

步骤六：在透视图选择下表面中间的点，　　　　步骤七：在前视图，调整控制点如图2-72
用移动工具在前视图向下移动，如图2-71所示。　　所示。

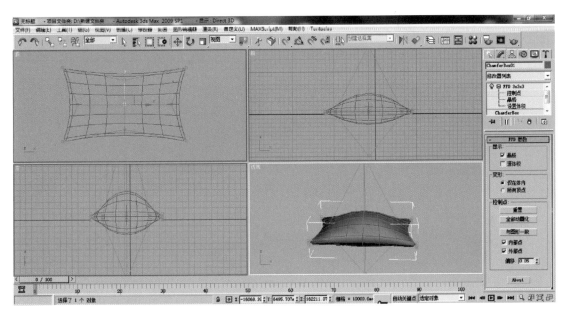

图2-71　下表面中间点移动

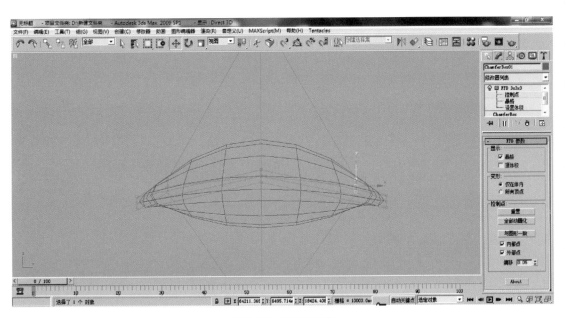

图2-72　控制点调整

步骤八：最终调整形状如图2-73所示。

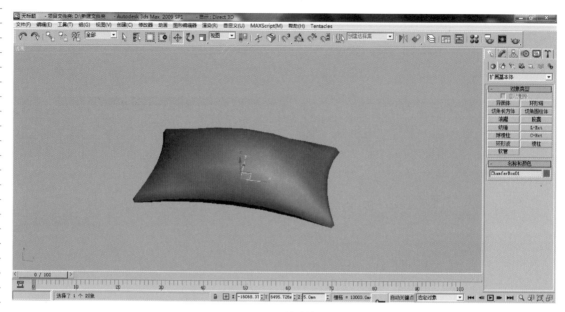

图2-73　枕头模型

模型三　床的制作

步骤一：选择 →【面片栅格】工

具，在【顶】视图中绘制一面片栅格作为床的基本模型，参数设置如图2-74所示。

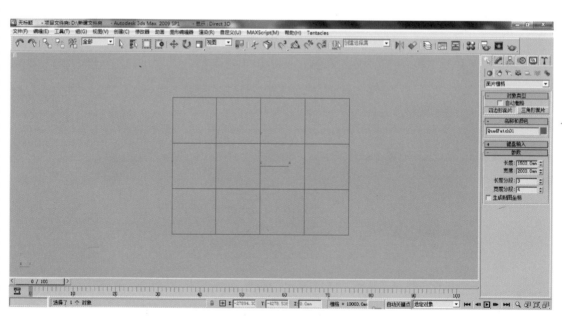

图2-74　床的基本模型

步骤二：在 命令面板中添加编辑网格命令，在顶点的子选择集下，效果如图2-75所示。

▶▶**知识点提示**："编辑网格"命令是由顶点、边、面、多边形、元素等选择集组成的，编辑修改功能可以对一个对象的各组成进行修改，包括推拉、删除、创建顶点和平面，并且可以让这种修改记录为动画。"编辑网格"命令与"可编辑网格"对象的所有功能相匹配，只是不能在"编辑网格"设置子对象动画。

步骤三：在顶视图选择如图2-76所示的点，用移动工具在前视图向下移动。

步骤四：在顶视图调整点如图2-77所示。调整出床的褶皱。

步骤五：在透视图中最终效果如图2-78所示。

步骤六：选择 → → 【扩展基本体】→【切角长方体】工具，在【顶】视图中创建一个如图2-79所示的切角长方体。

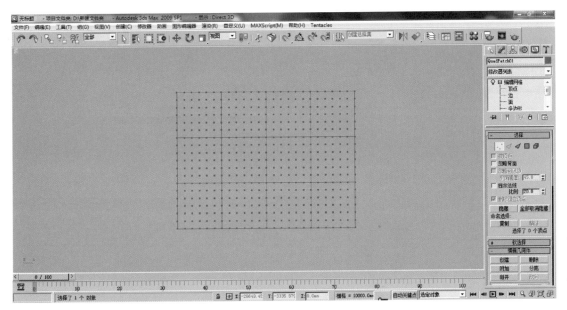

图2-75　添加编辑网格命令后的效果

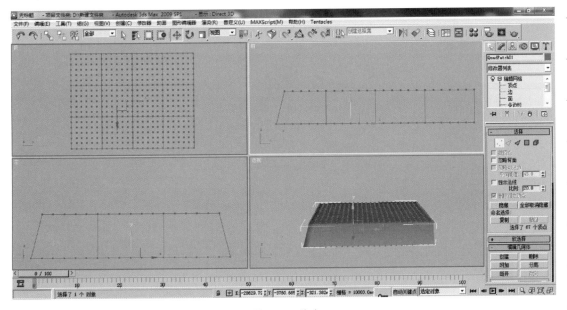

图2-76　移动

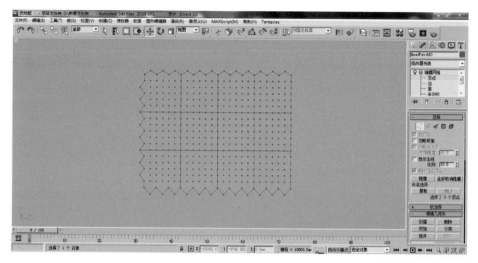

图2-77　褶皱图形调整

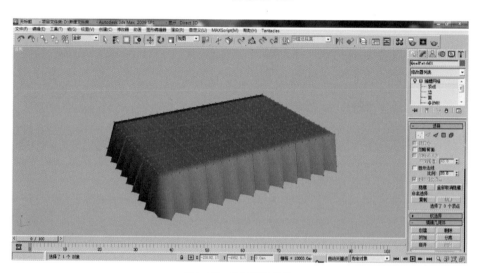

图2-78　床褥褶皱效果

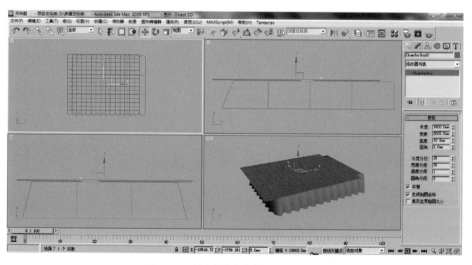

图2-79　创建新的切角长方体（床被）

步骤七：在 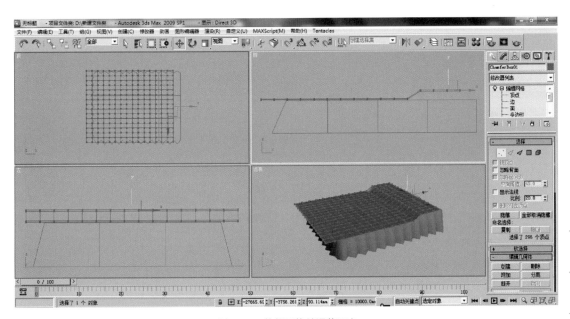 命令面板中添加编辑网格命令，在前视图顶点子选择集下，调整顶点，如图2-80所示。

步骤八：选择旋转工具 ↺ ，右键单击弹出【旋转变换输入】对话框，在Z轴对话框输入180，按Enter键。效果如图2-81所示。

变对象在视图中的方向。启用旋转命令，有以下几种方法：

① 单击工具栏中的"旋转"工具按钮；

② 按E键；

③ 选择对象后单击鼠标右键，在弹出的菜单中选择"旋转"命令。

▶▶**知识点提示：**旋转工具可以通过旋转来改

图2-80　编辑网格并调整顶点

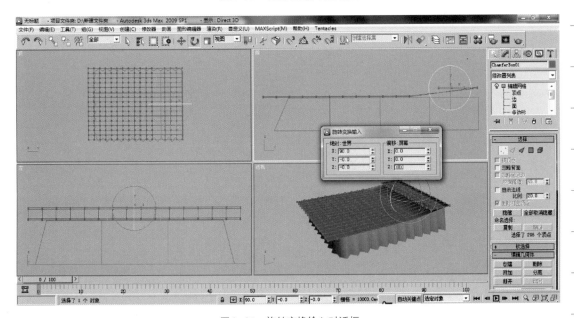

图2-81　旋转变换输入对话框

步骤九：在前视图用移动工具调整点如图
2-82所示。

步骤十：在顶视图选择如图2-83所示的
点，在前视图用移动工具向下移动。

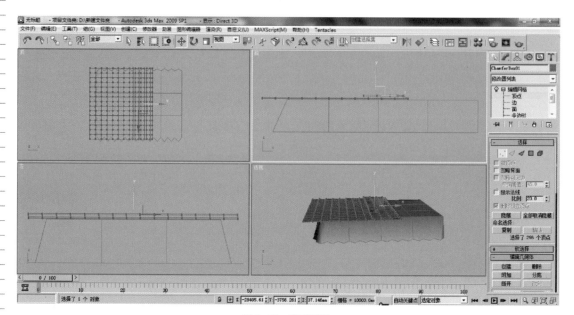

图2-82 移动调整

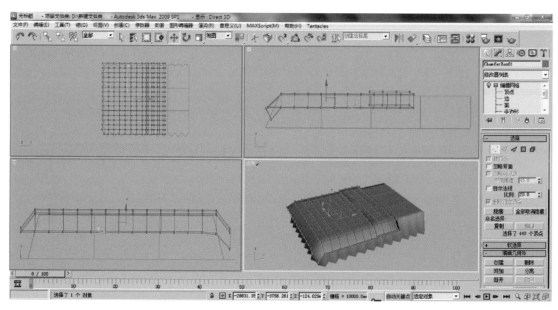

图2-83 向下移动

步骤十一：选择 ↘→△→【线】工具，在
【左】视图中绘制一矩形，按右键把矩形转换
为可编辑样条线，如图2-84所示。

▶▶知识点提示：矩形的创建比较简单，将鼠

标光标移到视图中，按住鼠标左键不放并拖曳
光标，视图中生成一个矩形，移动鼠标调整矩
形大小，在适当的位置，释放鼠标左键，矩形
创建完成。创建矩形时按住Ctrl键，可以创建
出正方形。

通常二维图形不能直接生成三维模型，它还需进一步的修改加工才能够被转化为三维模型。在对二维图形进行修改时，"编辑样条线"命令是首选，它可以提供对顶点、分段和样条线3个选择集命令的编辑修改。

步骤十二：在顶点子选择集下，按右键在弹出的快捷菜单中，选择细化，插入一个点，效果如图2-85所示。

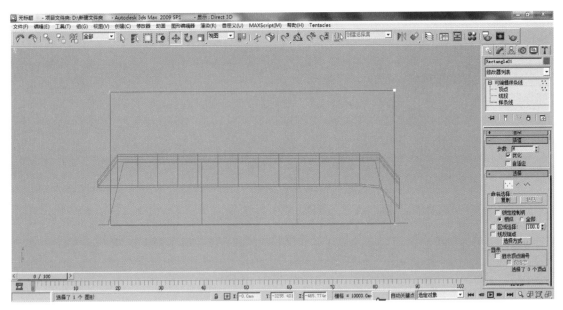

图2-84　绘制矩形

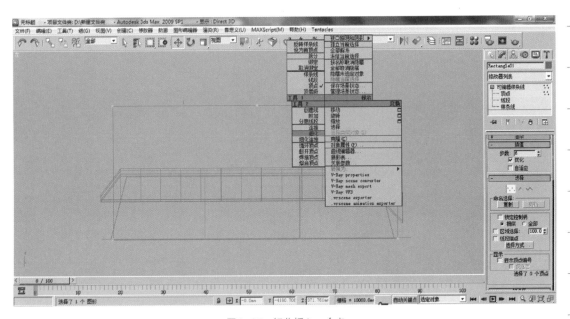

图2-85　细化插入一个点

步骤十三：改变点的类型，调整二维图形的形状如图2-86所示。

步骤十四：为可编辑线条线添加"挤出"命令，在透视图中效果如图2-87所示。

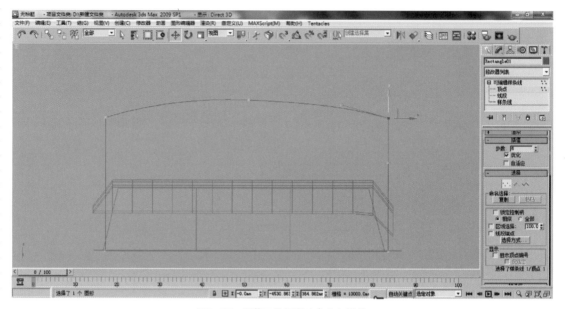

图2-86　调整二维图形（床头）形状

图2-87　添加床头后的效果

▶▶**知识点提示**："挤出"命令是将二维图形转化为三维模型的常用方法，将深度添加到图形中，并使其成为一个参数对象。

"挤出"命令的用法比较简单，一般情况下大部分修改参数保持为默认设置即可，只对"数量"的数值进行设置就能满足一般建模的需要。

步骤十五：选择床头，按Ctrl+V键复制出　　2-88所示。
床头01，注意是复制的关系而不是实例。如图

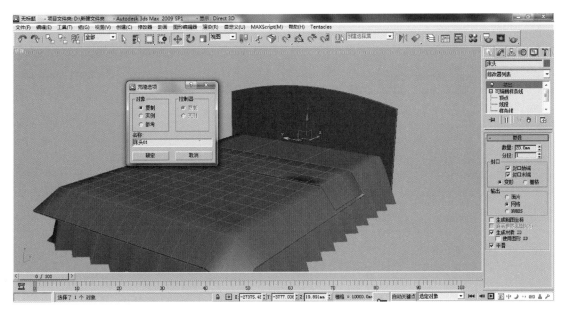

图2-88　复制床头01

步骤十六：选择床头01，删除挤出命令，　　视图中启用，在渲染中启用，把径向的厚度设
得到一个二维线条，打开渲染卷展栏，勾选在　　为60，如图2-89所示。

图2-89　渲染床头01

步骤十七：选择 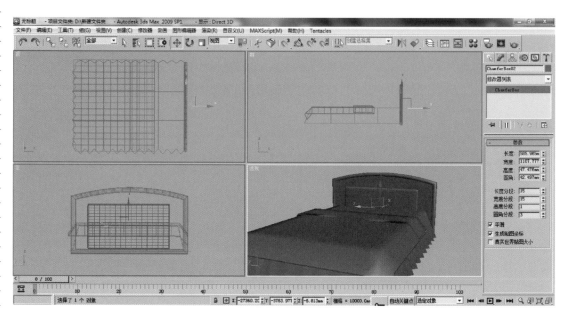→ →【扩展基本体】 步骤十八：在 命令面板中添加FFD3*3*3 →【切角长方体】工具，在左视图中创建一个 命令，调整形状如图2-91所示。 如图2-90所示的切角长方体。

图2-90 在左视图中创建切角长方体（床头细部）

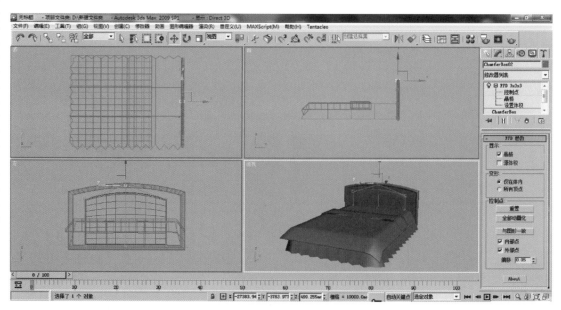

图2-91 添加FFD3*3*3命令（调整床头细部）

步骤十九：为了使被褥看起来更加逼真，可以为其添加噪波命令。效果如图2-92所示。

步骤二十：读者可自行为床指定材质，使床更加精细，逼真。如图2-93所示。

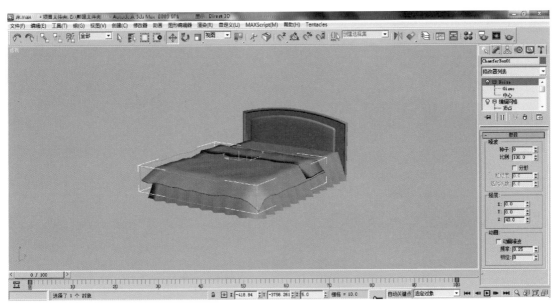

图2-92　添加噪波命令

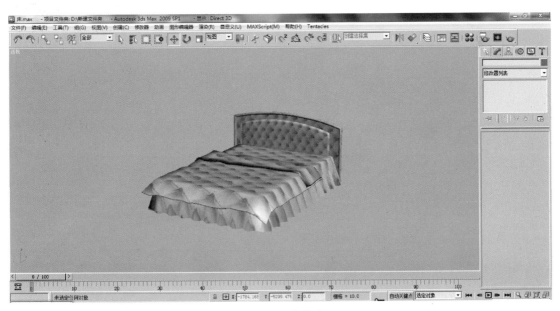

图2-93　床模型

项目三　厨房白天自然光效果图设计与实训

厨房效果图

通过本案例的学习，了解厨房白天自然光效果图的制作方法。需要掌握的命令包括孤立当前选择、分离、连接、分段、环形选择、切角等命令；需要熟悉并掌握主要材质如地砖、橱柜烤漆玻璃、金属材质、磨砂玻璃、普通玻璃、陶瓷等常用材质的参数及设置技巧；需要熟悉VR面光和目标平行光模拟白天自然光表现方法，并熟悉Vray渲染器，从而使效果图达到真实的效果。

能运用孤立当前选择、分离、连接、分段、环形选择、切角等命令制作室内模型，并能举一反三制作其他模型。

能熟练制作地砖、橱柜烤漆玻璃、金属材质、磨砂玻璃、普通玻璃、陶瓷等常用材质。

能熟练运用VR面光和目标平行光模拟白天自然光的效果，制作出较真实合理的整体效果，达到能举一反三地处理光感的效果。

能熟练掌握Vray渲染器，并熟练掌握其中的选项和参数设置。

任务1　项目描述

本厨房以现代风格为主，为了表现厨房光洁、易于清洗、采光、通风、照明等效果，本案例装修材料选择地砖、橱柜烤漆玻璃、金属材质、磨砂玻璃、普通玻璃、陶瓷等现代、时尚材料；采用偏暖的自然光及室内暖色调效果表现厨房既温馨又增进食欲的特殊空间效果。本项目重点介绍了厨房材质的设置参数及技巧、厨房VR面光和目标平行光模拟白天自然光的灯光布法、模型的检测及Vray渲染。

任务2　CAD与3DMax软件相互转换

步骤一：打开3d Max，执行"自定义"（customize）/"单位设置"（Units Setuo）命令，把系统单位设置（System Units Setup）和单位设置（Display Units Setup）都设置为毫米（Millimeters），如图3-1所示。

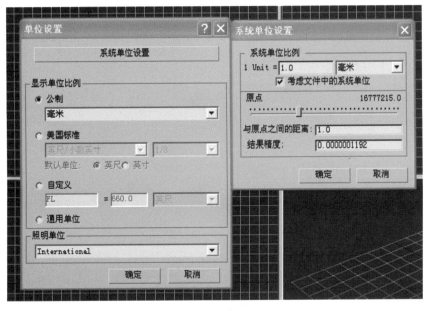

图3-1　单位设置

步骤二：执行"文件"，"导入"，在弹出的对话框中，在文件类型一栏，选择，"AutoCAD"，找到所要的厨房CAD文件，并打开。如图3-2、图3-3所示。

步骤三：点击"确定"，CAD文件导入场景中。如图3-4所示。

步骤四：全选导入的文件成组后，将坐标归零。如图3-5所示。

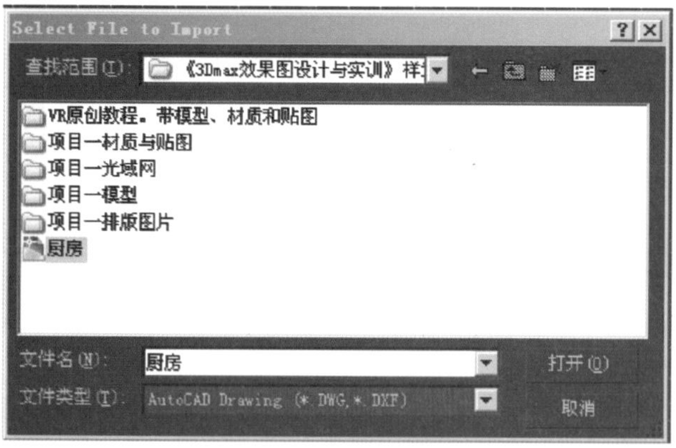

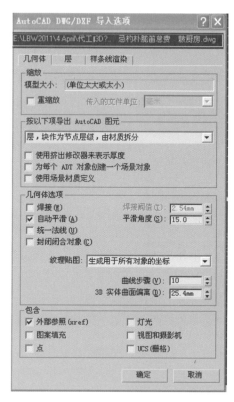

图3-2 导入厨房CAD文件

图3-3 导入选项对话框

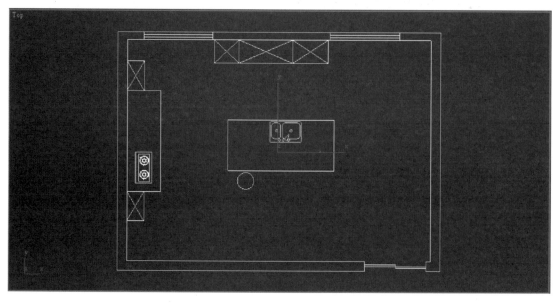

图3-4 导入厨房CAD平面图

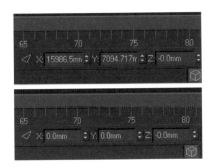

图3-5　坐标归零

任务3　厨房主体结构模型制作

步骤一：按下Ctrl+A键，选择所有图形，单击菜单栏中的【组】>【成组】命令，组名为"平面图"，单击 确定 按钮。

步骤二：选择平面图，点击鼠标右键，在弹出的快捷菜单中选择【冻结当前选择】命令，将图纸冻结，这样在后面的操作中就不会选择和移动图纸。

▶▶知识点提示：冻结之后的图纸是灰色的，看不太清楚，为了观察方便，可以将冻结物体的颜色改变。

步骤三：单击菜单栏中的【自定义】>【自定义用户界面】命令，在弹出的【自定义用户界面】对话框中，选择【颜色】选项卡，在【元素】右侧的下拉列表中选择【几何体】选项，在下面的列表框中选择【冻结】选项，单击颜色右边的色块，在弹出的【颜色选择器】对话框中选择一种方便观察的颜色，单击 确定 按钮即可。

步骤四：激活顶视图，按Alt+W键，将视图最大化显示。

步骤五：按S键将捕捉打开，捕捉模式采用"2.5维捕捉"，右击该按钮，在弹出的【栅格和捕捉设置】对话框中设置【捕捉】和【选项】。

步骤六：单击 （创建）> （图形）>

线 按钮，在顶视图绘制墙体的内部封闭线形。

步骤七：为绘制的线形施加一个【挤出】命令，【数量】设置为2800。

步骤八：单击鼠标右键，在弹出的快捷菜单中选择【转换为】>【转换为可编辑多边形】命令，将墙体转换为可编辑的多边形。

步骤九：按5键，进入元素子物体层级，按Ctrl+A键，选择所有的多边形，单击 翻转 按钮，将法线翻转过来，整个墙体就制作出来了。单击元素按钮，关闭元素子物体层级。

步骤十：在透视图中选择挤出的墙体模型，点击鼠标右键，在弹出的快捷菜单中选择【对象属性】命令，在弹出的【对象属性】对话框中将【背面消隐】选项勾选，这样整个厨房的墙体就生成了。

▶▶知识点提示：为了观察方便，可以对墙体进行消隐。

任务4　厨房场景模型创建

步骤一：在视图中选择墙体，按下4键，进入多边形子物体层级，在透视图中选择门窗的面，单击【编辑几何体】卷展栏下的 分离 按钮，将这个面分离出来。

▶▶知识点提示：为了操作方便，可以将分离出来的门窗进行【孤立当前选择】（Alt+Q）。

步骤二：选择门窗模型，按下2键切换到边子物体层级，选垂直的两条边，单击【编辑边】卷展栏下的 连接 按钮右侧的按钮，在弹出的对话框中将【分段】设置为1，单击 确定 按钮。

步骤三：单击【选择】卷展栏下的

环形 按钮，同时选择水平的3条边。

步骤四：单击 连接 右侧的按钮，在弹出的对话框中将分段设置为2，单击 确定 按钮，这样在垂直位置增加了两条段数。

步骤五：按下4键，进入多边形子物体层级，在透视图选择中间的面，单击【编辑多边形】卷展栏下 挤出 右侧的按钮，在弹出的对话框中将【挤出高度】设置为-240，单击 确定 按钮。

步骤六：按下1键，进入顶点子物体层级，在前视图选择中间的一排顶点，按下F12键，在弹出的对话框中设置【绝对：世界】选项组下Z的值为2200。

步骤七：按下T键，将当前的视图转换为顶视图，以导入的平面图为基准，用捕捉方式调整顶点的位置。

步骤八：按下4键，进入多边形子物体层级，将挤出的面分离出来，用它来制作推拉门。垂直增加3条线段，选择该3条线段，单击切角右面的按钮，在弹出的对话框中设置【切角量】为30，单击 确定 按钮。

步骤九：将挤出的4个面删除，将所有的物体全部显示出来。

任务5　厨房常用模型合并

步骤一：执行"文件"、"合并"，在弹出的对话框中，在文件类型一栏，选择，"3ds Max"，找到所要的厨房.max文件并打开，如图3-6、图3-7所示。

步骤二：在弹出的对话框中选择"全部"，点击"确定"，并将合并到场景里的模型用移动工具移动到需要的位置。

任务6　Vray渲染软件的安装

步骤一：在安装前必须卸载先前安装过的Vray英文版或中文版，否则可能会有冲突。

步骤二：开始安装，在选择目标文件夹后，后面会多出一个"\3dsmax8"的路径，请删除它。

步骤三：进入选择需要安装的组件栏中，请看清后选择需要的组件，再单击【下一步】。因为这里关系到安装3ds Max的支持版本。

步骤四：程序在安装中会跳出"V-Ray许可服务器"警告对话框，单击"确定"，然后会弹出"许可申请书"要求输入许可证，这时，打开"Vray注册机"，再复制"许可申请书"中的请求码，粘贴到"Vray注册机"的"code"栏内，会在下面自动生成授权码，复制授权码到"许可申请书"的"输入提供的许可证"栏内，单击"OK"，再单击"确定"，最后完成安装。

步骤五：启动3ds Max，在主菜单栏内

图3-6　文件合并对话框

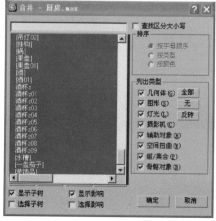

图3-7　合并-厨房.max文件对话框

点击"渲染"，选择"渲染"，弹出面板，单击"公用"面板，在"指定渲染器"内选择"Vray Adv 1.5 RC3"渲染器，然后单击"渲染器"面板，展开"V-Ray：授权"面板，点击"编辑并设置许可服务器信息"，弹出设置对话框，在"通用设置"内的"许可服务器"栏内填写所用的计算机名称，然后单击"确定"离开（注意：填写所用的计算机名称，是为网络渲染服务用，反之，可以不填写。要是安装过其他的版本，有可能会有冲突，如果出现此问题，可以到3ds Max的插件管理器内把除V-Ray additional plug-ins以外的有关Vray渲染器文件前面的选勾取消就可以了）。在3ds Max中英文版内测试通过，在英文版内，字体会有所变化，但不会有大碍，不会影响使用（注意：安装时一定要关闭3ds Max软件，并且必须和3ds Max安装在一个盘内）。

任务7　Vray渲染检测厨房模型

当模型制作完成后，第一件需要做的事就是检查模型是否有问题，比如漏光、破面、重面等。在已经放置好相机后，就可以粗略渲染一个小样，检查模型是否有问题。这样的好处在于：如果在渲染过程中出现问题时，可以在很大程度上排除"模型的错误"，也就是说这样可以提示应该在其他方面寻求问题的症结所在。

读者可参照如下的步骤来完成模型的检查。

步骤一：点击键盘的F10快捷键，展开渲染器匹配卷展栏，点击"默认扫描线渲染器"右侧的按钮，弹出选择渲染器面板，指定V-Ray Adv 1.5 RC3为当前渲染器，并击"保存为默认设置"按钮。如图3-8所示。

步骤二：当指定Vray为当前渲染器后（图3-9），渲染设置面板将相应弹出Vray专用的"渲染"设置选项卡。展开Vray全局交换卷展栏，关闭默认灯光，这样可以关闭默认照明的灯光；开启"替换材质"，可以把场景中的所有物体的材质替换为这里指定的材质，因为这里只需要检查模型可能存在的问题，不需要观察材质的效果。

步骤三：点击键盘的M快捷键，打开材质

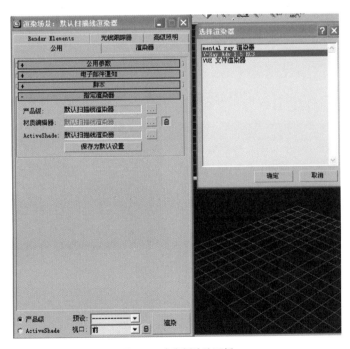

图3-8　本案例渲染面板

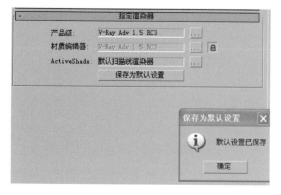

图3-9 指定渲染器

编辑器，将上述指定的材质以关联（Instance）的方式拖拉到指定的材质编辑器中，如图3-10所示。

步骤四：设置测试材质参数，鼠标左键单击"漫射"右侧的颜色按钮，设置颜色为R230、G230、B230，如图3-11所示。

步骤五：因为是测试，为了保证测试额度速度，锁定长宽比，把渲染尺寸设置为宽度640、高度480，如图3-12所示。

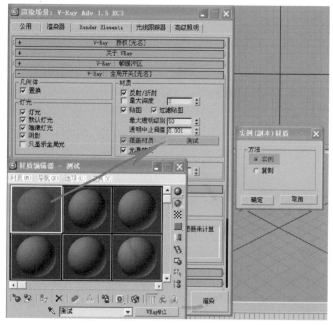

图3-10 材质编辑器

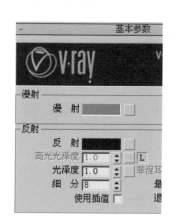

图3-11 材质参数设置

图3-12 渲染尺寸设置

步骤六：按下键盘的快捷键C，切换到摄像机视图；按Shift+f键开始安全框显示。最后渲染视图如图3-13所示。

步骤七：同样是为了提高测试的速度，打开"图像采样（反锯齿）"卷展栏，设置"图像采样器"类型为"固定"的低参数方式（图3-14），并且打开"固定采样"卷展栏，设置"细分"为1；关闭抗锯齿过滤。

步骤八：展开"全局光"卷展栏，打开勾选On前面的选项，开启全局光；在渲染引擎里，设置一次反弹为"发光贴图"的方式，二次反弹设置为灯光缓冲的方式，如图3-15

图3-13 渲染视图

图3-14 图像采样（反锯齿）卷展栏

所示。

将间接照明卷展栏下的全局光引擎设置为发光贴图和灯光缓冲。如图3-16所示。

步骤九：打开灯光创建面板，创建Vray灯光，更改灯光类型为"穹顶"光，灯光强度为2.5，勾选"不可见"，调整灯光颜色为接近天光的蓝色。如图3-17所示。

设置完成，测试效果如图3-18所示。

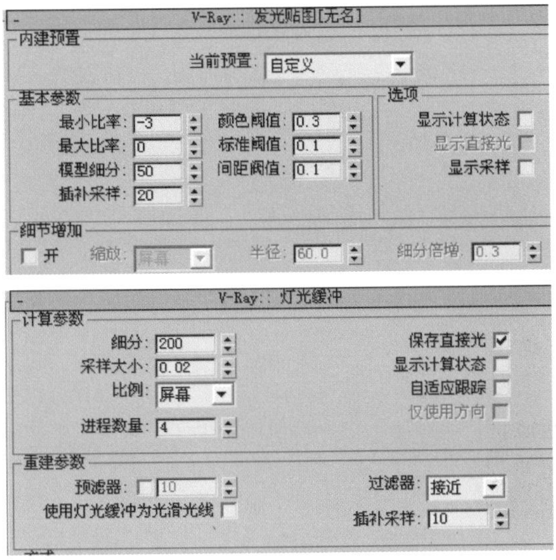

图3-15　发光贴图和灯光缓冲参数

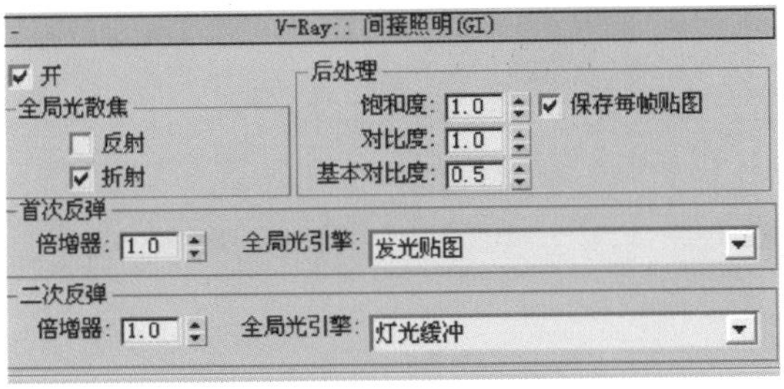

图3-16　间接照明卷展栏

图3-17　本案例灯光创建面板

图3-18　测试效果

任务8　厨房室内场景材质的设置

步骤一：设置地砖材质。

采用 Vray 材质。在"漫射"后添加地砖贴图；为反射中添加"衰减"通道；调整第一个为纯黑色；第二个为220的灰色；修改"光泽度"值为0.85（让反射产生模糊的效果）；修改"细分"值为20。以后重复的设置就不赘述了。如图3-19所示。

步骤二：设置橱柜木纹材质。

单击漫射后按钮，选择木纹贴图；单击反射后按钮，增加衰减通道选项。参数如图3-20所示。

步骤三：设置厨柜黑色烤漆玻璃材质。

将漫射颜色设置为黑色；单击反射后按钮增加衰减通道选项；设置高光光泽度值为0.8（让物体产生一定的高光）。如图3-21所示。

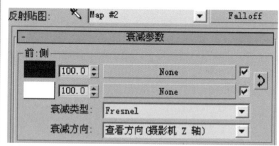

图3-19　地砖材质设置

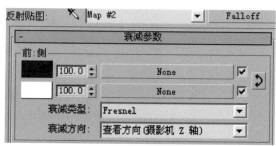

图3-20　橱柜木纹材质设置

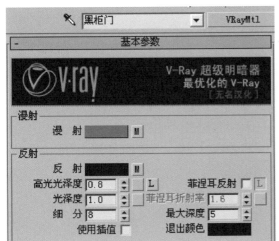

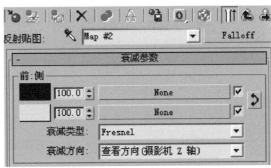

图3-21　橱柜黑色烤漆玻璃材质（柜门）设置

步骤四：设置金属材质。

将漫射颜色调整为黑色；将反射高光光泽度设置为220、高光光泽度设置为0.8。如图3-22所示。

图3-22　金属材质设置

图3-23　磨砂玻璃材质设置

步骤五：设置磨砂玻璃材质。

将漫射颜色调整为淡绿色；将反射颜色调整为R35、G35、B35，让玻璃有一点反射；折射颜色改为白色，让玻璃完全透明；将高光光泽度改为0.85（让玻璃产生模糊的效果，很影响速度）；折射细分改为25。如图3-23所示。

步骤六：设置普通玻璃材质。

将漫射和折射颜色均调整为白色；反射设置为22。如图3-24所示。

步骤七：设置陶瓷材质。

为漫射增加输出通道。为了提高陶瓷的亮度，修改输出参数值为1.0。如图3-25所示。

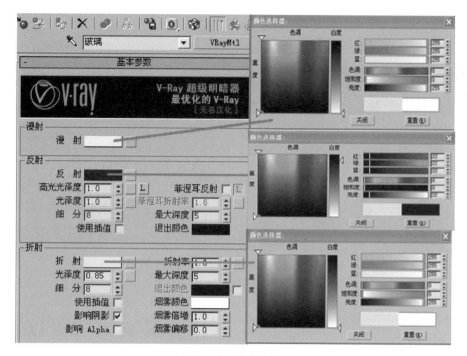

图 3-24 普通玻璃材质设置

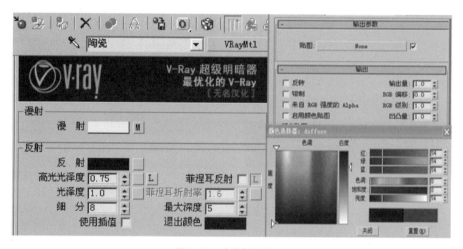

图 3-25 陶瓷材质设置

任务9 厨房室内场景灯光的设置

请大家观察布光图（全图放了两个窗户同样大小的VR面光，和一个目标平行光用来模拟太阳光）。如图3-26所示。

步骤一：设置VR面光参数。

设置"倍增器（光源强度）"为1.0，并将颜色设置为偏暖一点儿的色调。如图3-27所示。

勾选"不可见"（在渲染的时候不显示VR

面光）。提高灯光细分，可以减少图中的斑点，将"细分"改为16。如图3-28所示。

步骤二：设置目标平行光参数。

勾选"阴影"下的"启用"，在下拉菜单中把阴影模式改为VRay阴影。如图3-29所示。

再点击"排除"（让灯光对选中的物体不产生作用），选择两个窗户上面玻璃（窗户和窗户02），移至右边，然后点击"确定"。如

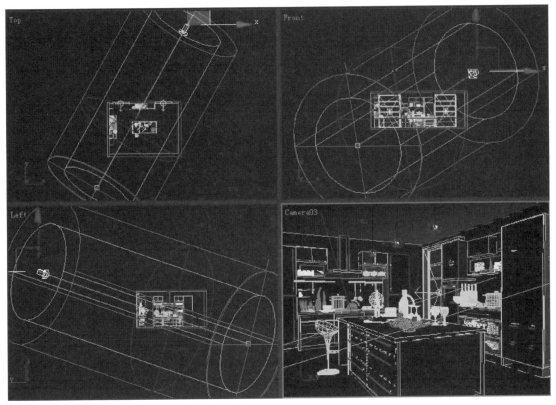

图3-26　布光图

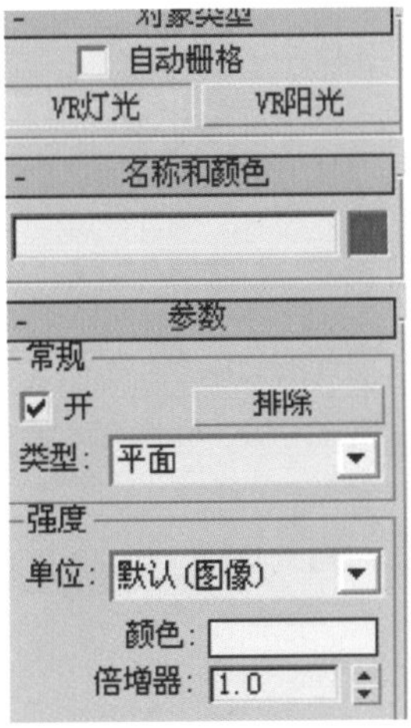

图3-27　VR面光参数 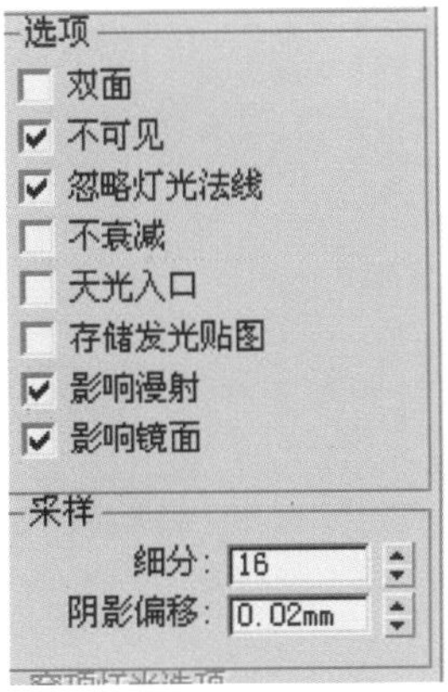　　　　图3-28　细分参数 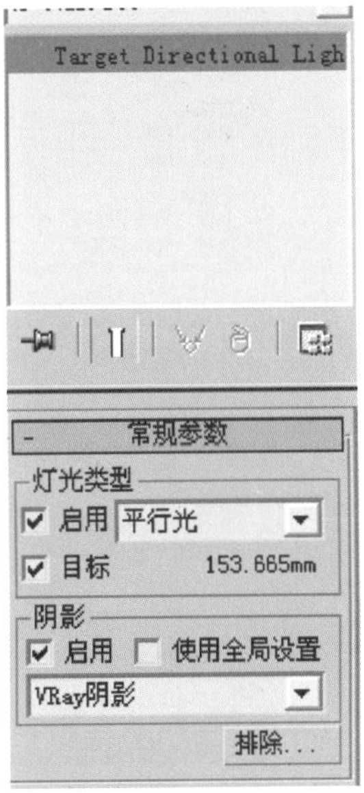　　　　图3-29　阴影模式

图3-30所示。

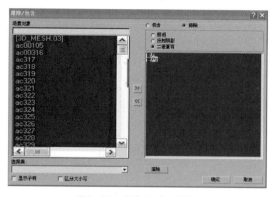

图3-30　排除/包含对话框

设置"倍增（光源强度）"为1.0。将颜色
设置为偏黄的颜色；勾选"远距衰减"下的
"使用"和"显示"；设置"开始"为13000、
"结束"为20448（给目标平行光加衰减范围，
只是为了让光源有点变化）。如图3-31所示。

――――――――――――――――

▶▶知识点提示：场景不同，大小也不一样。
"结束"一般都要超过整个要受到光照的物体。

――――――――――――――――

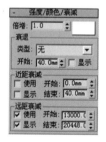

图3-31　目标平行光参数设置

设置"平行光参数"卷展栏下的聚光区/
光束为4000、衰减区/区域为6000（衰减区/区
域一般都要超过整个要受到光照的物体）。如
图3-32所示。

图3-32　平行光参数

图3-33　VRay阴影参数

勾选VRay阴影参数下区域阴影。分别调
整下面U、V、W为220（加大这个数值可以让
阴影边缘模糊）。如图3-33所示。

任务10　厨房室内场景效果的最终设置及渲染

步骤一：首先去掉默认灯光（Default
Lights）。一般来说只要场景中有灯光，默认
灯光就自动关闭。在此不去掉这项也没什么关
系。如图3-34所示。

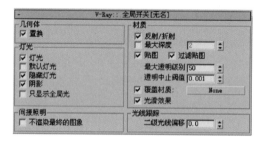

图3-34　关闭默认灯光

步骤二：选择"自适应细分"采样器。虽
然速度较慢，但效果很好。而且图中有很多模
糊反射。

将"抗锯齿过滤器"选择Catmull-Rom。
如图3-35所示。

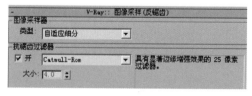

图3-35　图像采样器及抗锯齿过滤器设置

步骤三：勾选"间接照明"卷展栏下的
"开"，使用间接光照。

设置"二次反弹"下的"倍增器"值为0。首次反弹引擎为"发光贴图"。二次反弹引擎为"灯光缓冲"。如图3-36所示。

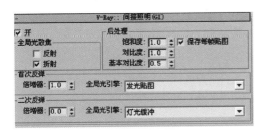

图3-36　间接照明参数

步骤四：设置"发光贴图"卷展栏下的内建预置（当前预置）为"自定义"。

设置基本参数卷展栏下的"最小比率"为-6、"最大比率"为-1(这是最终渲染时的参数，测试一般可以采用-6、-5)。

勾选选项下的"显示计算状态"和"显示直接光"。如图3-37所示。

图3-37　发光贴图参数

步骤五：设置"灯光缓冲"卷展栏下的"细分"为1000。

勾选"显示计算状态"和"保存直接光"。如图3-38所示。

图3-38　灯光缓冲参数

步骤六：设置"颜色映射"卷展栏下的曝光控制器类型为"指数"。

修改"变暗倍增器"为7。

修改"变亮倍增器"为4。

如图3-39所示。

图3-39　颜色映射参数

步骤七："将rQMC（准蒙特卡洛）采样器"下的"噪波阈值"（简单说就是数值越小，噪波就越少。但是太小的值会让渲染速度更慢）改为0.001。如图3-40所示。

图3-40　rQMC采样器参数

到此就全部设置完毕，开始渲染了。渲染效果如图3-41所示。

项目小结

在本案例中，主要介绍了厨房白天自然光效果的制作方法。重点介绍了厨房的相关材质、白天自然光及Vray效果渲染。介绍的Vray材质包括地砖、橱柜烤漆玻璃、金属材质、磨砂玻璃、普通玻璃、陶瓷等常用材质；用VR面光和目标平行光模拟太阳光；然后用Vray渲染进行设置渲染。

希望大家在学习过程中特别注意其中材质参数、白天自然光的效果制作方法及其变化规律，希望能灵活运用，举一反三。

图3-41　厨房渲染效果图

项目四　复杂客厅效果图设计与实训

复杂客厅效果图

通过学习本案例，掌握复杂客厅制作流程，包括复杂客厅建模型、材质、室内灯光效果表现技法及Vray渲染。其中需要掌握运用Edit Spline、Editable Poly、Attach、Attach Mult.、Boolean、Extrude、移动、捕捉等命令创建模型；需要掌握木地板、白乳胶漆、壁纸、地板、电视屏幕、自发光材质、陶瓷材质、白色混油、镜子、不锈钢、地毯等常用材质的制作；需要掌握复杂客厅灯光的创建方法，如运用目标点光、Vray球形灯光、Vray面光等布局灯光，并结合Vray渲染器进行渲染，从而达到真实的效果。

能量房并画出CAD图纸。

能运用CAD图纸并熟练运用Edit Spline、Editable Poly、Attach、Attach Mult.、Boolean、Extrude、移动、捕捉等命令制作室内模型，并能举一反三制作其他模型。

能熟练制作白乳胶漆、壁纸、木地板、镜子、白色混油柜子、不锈钢、电视屏幕、自发光材质、白陶瓷、地毯等常用材质。

能熟练运用目标点光做筒灯效果，能运用Vray面光做暗藏灯带效果，并能综合处理空间补光，制作出较真实合理的整体效果，达到能举一反三地处理灯光的效果。

能熟练掌握Vray渲染器，并熟练掌握其中的选项和参数设置。

任务1 项目描述

本案例是一个布局较为复杂的客厅。本客厅以简约风格为主，体现客厅温馨舒适的感觉。电视背景墙的设计和选材本着简约、明快、实用的原则；吊顶的设计以石膏板造型为主，按区域功能分区将吊顶设计成不同的造型以突出功能分区。整个色调以偏暖的色调为主，以突出家庭温馨的感觉。本项目详细地介绍了客厅模型的创建、材质的设置、灯光的布法、Vray渲染参数的设置、模型的检测，将各重要的知识点融入制作流程过程之中，目的是让大家在学习各个知识点的同时，能对整个制作效果图的流程有一个整体的把握。

任务2 CAD与3DMax软件相互转换

步骤一：打开CAD图一，删除除墙线和吊顶以外的部分，并将所修改图纸进行保存，另存文件名称为图二。如图4-1、图4-2所示。

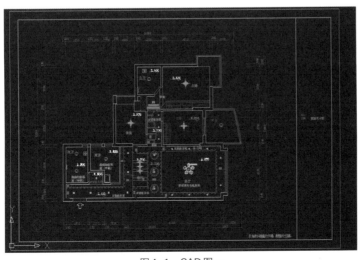

图4-1 CAD图一

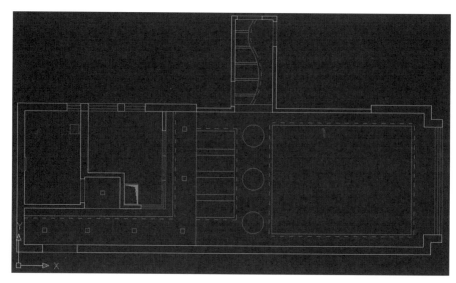

图4-2　CAD图二

步骤二：启动3ds Max 9软件，单击菜单栏中的【自定义】>【单位设置】命令，将弹出【单位设置】对话框，将【显示单位比例】和【系统单位比例】设置为毫米。通过【文件】菜单【导入】命令导入图二，如图4-3、图4-4所示。

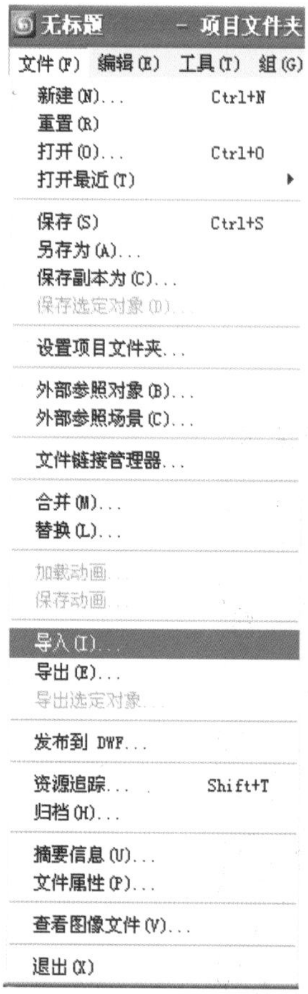

图4-3　输入命令

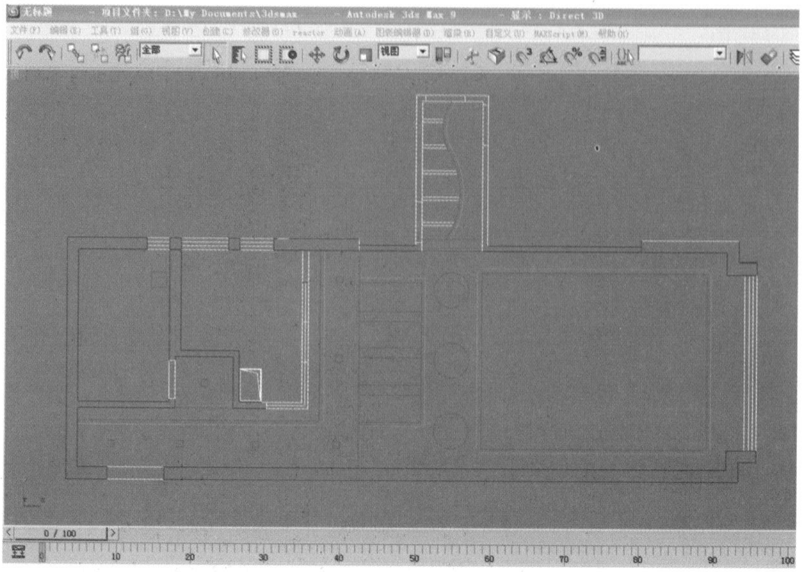

图4-4　导入3ds Max

Ctrl+A 全选，选择【组】下拉菜单成组命令，将导入的图形成组，并统一颜色。如图4-5所示。

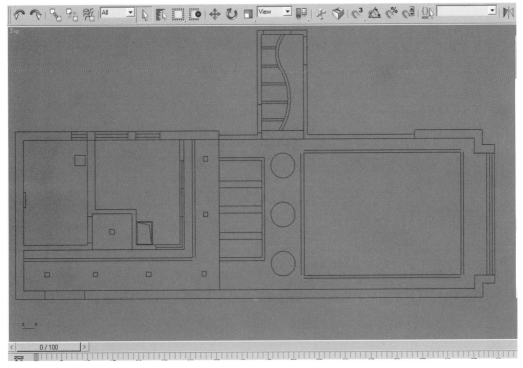

图4-5　成组图形并统一颜色

步骤三：设置捕捉。长按快捷键按钮，将捕捉状态调整为2.5维，如图4-6所示。激活此捕捉按钮，并单击此按钮，设置点捕捉，如图4-7所示。

▶▶**知识点提示**：2.5维捕捉为同一平面捕捉；3维捕捉可以隔着一定距离捕捉；2维捕捉为网格捕捉。

任务3　制作墙体模型

步骤一：在右边命令面板中，选择矩形按钮，如图4-8所示，在顶视图中捕捉墙线。再在右边命令面板中取消按钮，如图4-9所示，捕捉后如图4-10所示。

图4-6　捕捉状态　　图4-7　栅格和捕捉设置

图4-8　对象类型选择　　图4-9　取消按钮

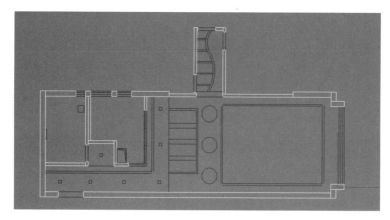

图4-10　捕捉墙线效果

步骤二：在右边命令面板中调出Extrude挤出命令，将挤出数量设置为2870mm。如图4-11、图4-12所示。

步骤三：用线（Line）工具在顶视图中制作推拉门上方墙体模型。如图4-13、图4-14所示。

图4-11　挤出数量设置

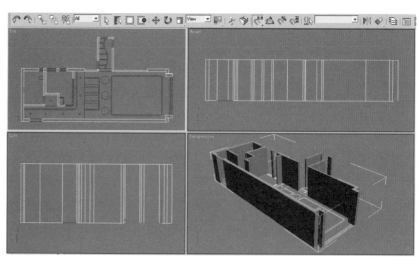

图4-12　挤出效果

图4-13　墙体制作（用线工具）

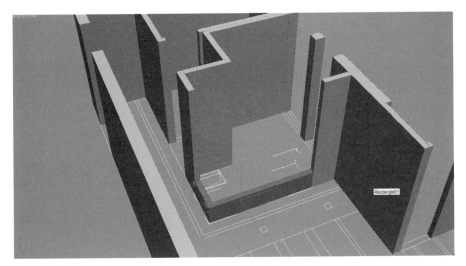

图4-14　推拉门上方墙体制作

步骤四：在透视图中，按F12键，在Z轴后输入数字2400。如图4-15、图4-16所示。

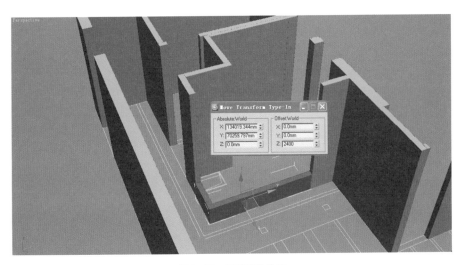

图4-15　调整墙体位置

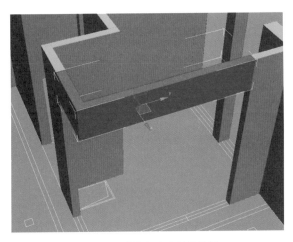

图4-16　推拉门上方墙体效果

任务4　制作门框

步骤一：将捕捉设置为2.5维，直接按快捷键F将视图转换为前视图。选择线工具，操作如图4-17所示。

步骤二：单击修改按钮，打开次级命令样条线，设置轮廓（Outline）为-10mm，操作如图4-18、图4-19所示。

步骤三：将图形挤出240mm，并捕捉对齐墙体。如图4-20所示。

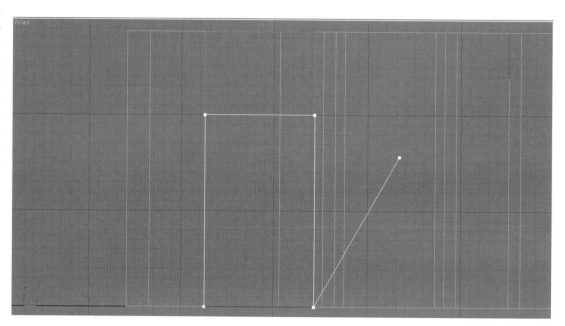

图4-17　门框制作线工具选择

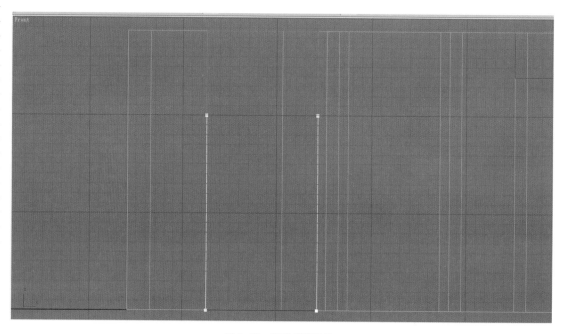

图4-18　轮廓参数设置

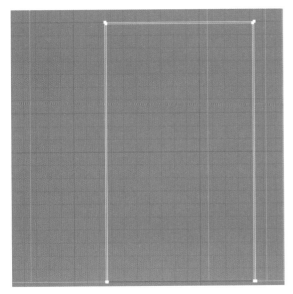

图4-19 门框图形

图4-20 挤出效果

步骤四：同上述方法用矩形制作其他门及门框、窗。

任务5 制作吊顶模型

步骤一：设置2.5维捕捉，在顶视图中，用线画出客厅吊顶，如图4-21所示。

步骤二：取消开始新图形前钩，用矩形、圆形工具创建矩形、圆形图形。如图4-22、图4-23所示。

步骤三：将所画图形挤出±80mm，并上移2700mm。如图4-24所示。

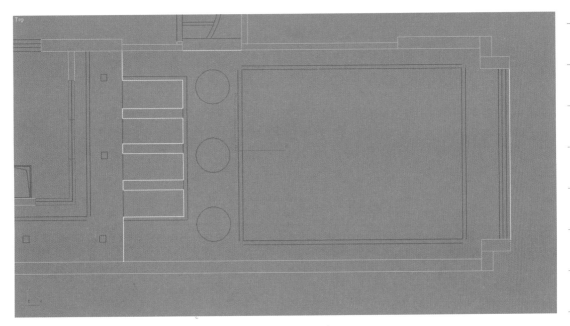

图4-21 客厅吊顶图形绘制页面

图4-22　对象类型卷展栏

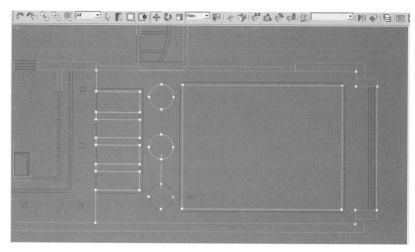

图4-23　创建矩形、圆形图形

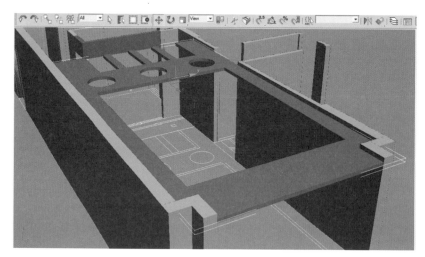

图4-24　挤出、移动后客厅吊顶效果

步骤四：同样方法制作走道吊顶、玄关吊顶。如图4-25、图4-26所示。

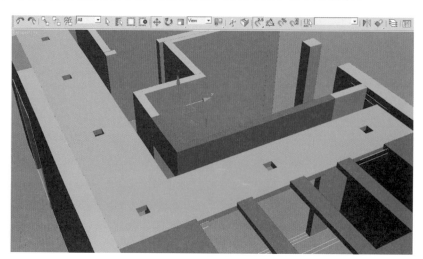

图4-25　走道吊顶

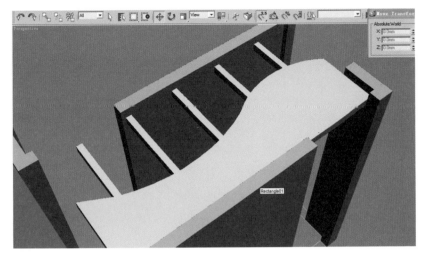

图 4-26　玄关吊顶

吊顶整体效果如图 4-27 所示。

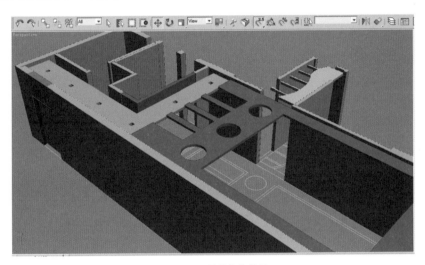

图 4-27　吊顶整体效果

任务 6　制作电视背景墙造型

步骤一：在左视图中画出矩形图形如图 4-28 所示。并将所有图形进行附加，如图 4-29 所示。

图 4-29　图形附加

图 4-28　绘制矩形图形

步骤二：将图形进行布尔运算。如图4-30所示。

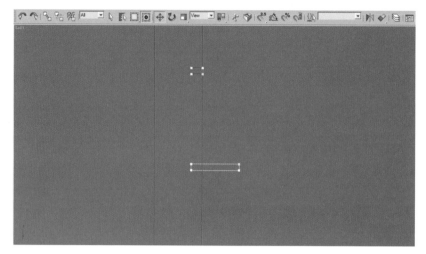

图4-30　布尔运算

步骤三：将图形进行挤出，如图4-31所示。

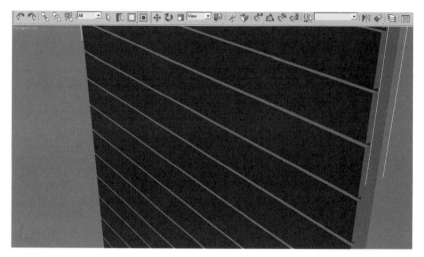

图4-31　图形挤出

步骤四：将上述造型捕捉对齐电视墙。如图4-32～图4-34所示。

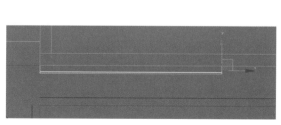

图4-32　捕捉对齐（一）

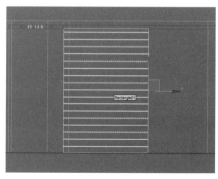

图4-33　捕捉对齐（二）

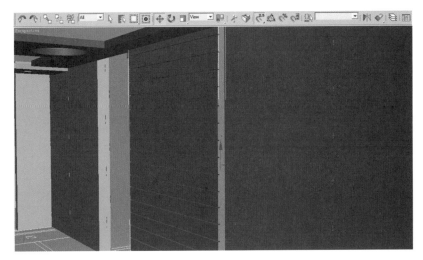

图4-34　电视背景墙造型效果

任务7　制作厨房推拉门

　　运用前面所学进行任务练习，制作厨房推拉门，效果如图4-35～图4-37所示。

图4-35　绘制图形（一）

图4-36　绘制图形（二）

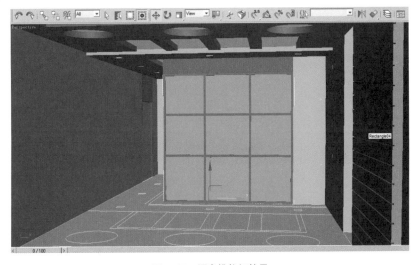

图4-37　厨房推拉门效果

任务8　制作珠帘隔断

步骤一：单击鼠标右键，点击"隐藏没有选择（Hide Unselected）"命令，将场景中所有模型隐藏如图4-38所示。

步骤二：在左视图中创建长2700mm、宽1300mm矩形，利用轮廓挤出命令制作珠帘外框。如图4-38所示。

图4-38　在场景中绘制珠帘外框

步骤三：用球制作珠子，为了减少模型段数，将珠子段数设置为1。如图4-39所示。

图4-39　绘制珠子

步骤四：沿Y轴并按Shift键，关联复制35个珠子；再将线和珠子沿X轴关联复制17个。如图4-40所示。

▶▶**知识点提示**：为了修改方便，请选择关联复制。

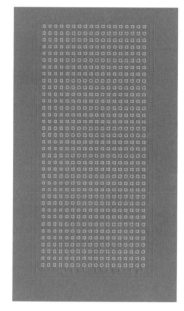

图4-40　绘制珠帘

步骤五：单击鼠标右键，点击"不隐藏所用"命令，将场景中所有模型显示出来，将上述所做模型在不同视图捕捉对齐，移动至场景中。如图4-41所示。

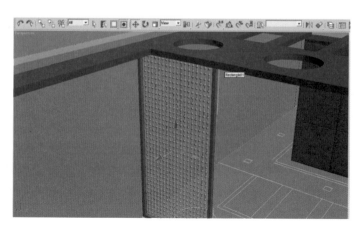

图4-41　珠帘效果

任务9　合并常用家具、灯具等模型

　　利用文件菜单中Merge命令，合并沙发、餐桌椅、电视柜、电视、灯具等模型，并在不同视口将所合并模型捕捉对齐墙面、地面、吊顶。如图4-42所示。

图4-42　合并模型后效果

任务10　制作原顶和地面

　　步骤一：在顶视图中画矩形，挤出 -10mm。如图4-43所示。

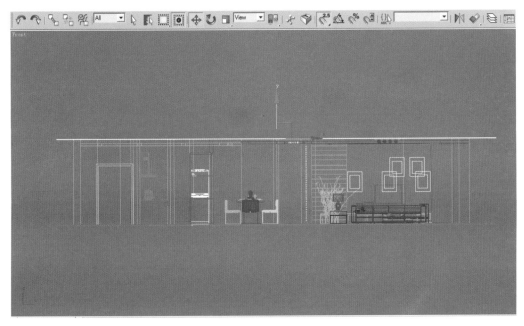

图4-43　绘制矩形

步骤二：将地面进行复制，作为原顶，并在透视图中将图移动2870mm。如图4-44所示。

图4-44 制作原顶后效果

任务11 在场景中创建摄像机

在顶视图中创建一架目标摄像机，激活透视图，按下C键，将视图切换为摄像机视图，效果如图4-45、图4-46所示。

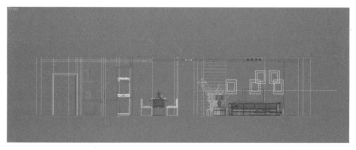

图4-45 创建摄像机

图4-46 摄像机视图效果

任务12　Vray渲染检测客厅模型

为了防止模型质量出现问题，需要对模型进行检测。

步骤一：按下M键，打开【材质编辑器】对话框，选择一个未使用的材质球，将其设置为【VRayMtl】材质，设置【漫射】的颜色（红220，绿220，蓝220），其他的参数默认就可以了，按下F10键，在打开的【渲染场景】对话框中选择【渲染器】选项卡，勾选【覆盖材质】选项，如图4-47、图4-48所示。

图4-47　测试球材质参数

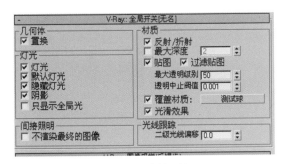

图4-48　全局开关

步骤二：在场景中上方创建Vray球形灯，并对球形灯进行参数设置，如图4-49所示。

步骤三：按F10进行渲染面板设置。渲染结果如图4-50所示。

▶▶知识点提示：将渲染效果图设置为黑白图是为以观察模型是否有质量问题，如果出现破面或未对齐现象，相应的局部会呈现黑色。

图4-49　球形灯参数

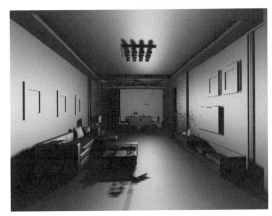

图4-50　渲染效果图

任务13　客厅室内场景材质的设置

步骤一：白乳胶漆材质的设置。

按下M键，打开【材质编辑器】对话框，选择第一个材质球，单击标准按钮，在弹出的【材质/贴图浏览器】对话框中选择【VRayMtl】材质，将材质球命名为白乳胶漆，将设置【漫射】颜色值为红245，绿245，蓝245；【反射】颜色值为红15，绿15，蓝15；其余参数设置如图4-51所示。

步骤二：电视背景墙壁纸材质的设置。

按下M键，打开【材质编辑器】对话框，选择第一个材质球，单击标准按钮，在弹出的【材质/贴图浏览器】对话框中选择【VRayMtl】材质，将材质球命名为电视背景墙，点击【漫

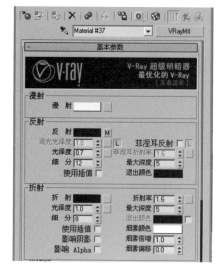

图4-51 白乳胶漆材质参数

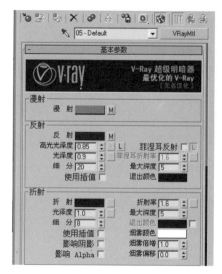

图4-53 木地板材质参数（一）

射】后按钮，为电视背景墙选择合适的贴图，如图4-52所示。

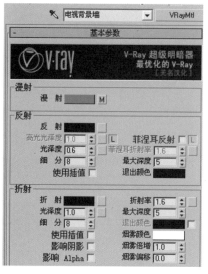

图4-52 电视背景墙壁纸材质参数

步骤三：木地板材质的设置。

按下M键，打开【材质编辑器】对话框，选择第一个材质球，单击标准按钮，在弹出的【材质/贴图浏览器】对话框中选择【VRayMtl】材质，并将材质球命名为木地板，点击【漫射】后按钮，为木地板选择贴图，将【反射】颜色值设置为（红25，绿25，蓝25），其余参数设置如图4-53、图4-54所示。

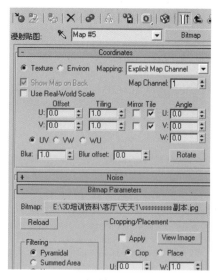

图4-54 木地板材质参数（二）

步骤四：设置镜子材质。

将【反射】颜色值为红255，绿255，蓝255，其余参数设置不变，如图4-55所示。

步骤五：设置白色混油柜子材质。

将漫射颜色设置为红253，绿253，蓝253；光泽度设置为0.85，如图4-56、图4-57所示。

步骤六：设置不锈钢材质。

将【漫射】颜色值设置为R0，G0，B0；【反射】颜色值设置为亮灰色，参数如图4-58所示。

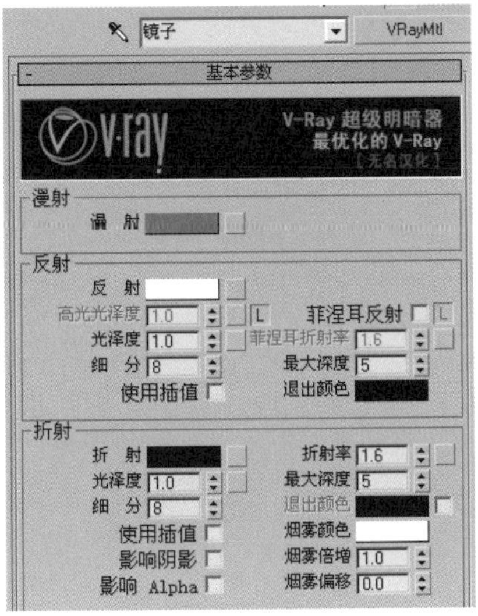

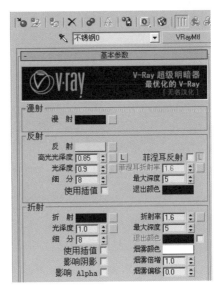

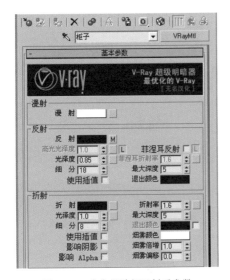

图4-55 镜子材质参数

图4-58 不锈钢材质参数

步骤七：设置电视屏幕材质。

将电视屏幕【漫射】颜色设置为R50、G50、B50；【反射】颜色设置为R96、G96、B96，光泽度设置为0.9。如图4-59所示。

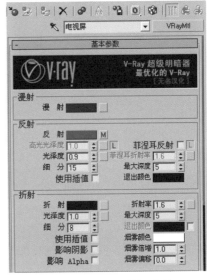

图4-56 白色混油柜子材质参数

图4-59 电视屏幕材质参数

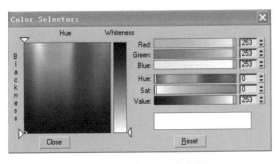

图4-57 颜色及光泽度参数

步骤八：设置自发光材质。

单击【standard】按钮，选择Vray灯光材质，将参数卷展栏下的颜色设置为R255、G255、B255。如图4-60所示。

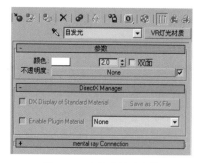

图4-60 自发光材质参数

步骤九：设置白陶瓷材质。

将【漫射】颜色设置为R240、G240、B240；【反射】颜色设置为R22、G22、B22，高光光泽度设置为0.8，光泽度0.88。如图4-61所示。

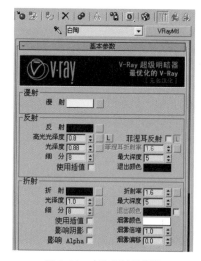

图4-61 白陶瓷材质参数

步骤十：设置地毯材质。

① 为地毯设置一个标准材质并选择漫射贴图。如图4-62所示。

图4-62 地毯材质参数

② 创建Box，长2000mm×宽2500mm，并将长宽段数分别设置为60、80。如图4-63所示。

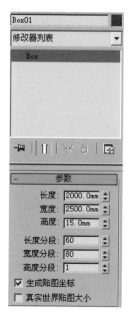

图4-63 创建Box

③ 为Box添加网格平滑命令，参数设置如图4-64所示。

图4-64 网格平滑参数

④ 为Box添加VRay置换模式命令，参数设置如图4-65所示。

⑤ 为Box添加UVW Mapping命令。

步骤十一：设置其他材质。

玻璃材质、沙发等其他材质见项目一～三

中相关参数。

步骤十二：快速渲染效果如图4-66所示。

由于目前还没有进行灯光设置，场景较暗。

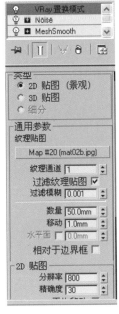

图4-65　VRay置换模式参数

图4-66　快速渲染效果

任务14　客厅室内场景灯光的设置

步骤一：单击 灯光＞ **目标点光源** 按钮，在前视图中单击并拖动鼠标，创建一盏【目标点光源】，设置如图4-67所示。

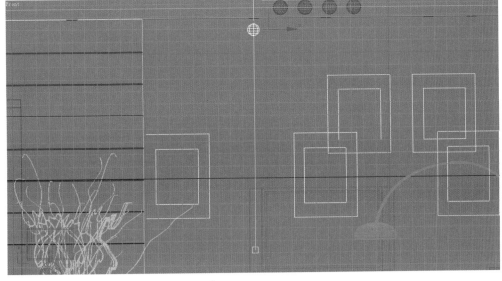

图4-67　创建目标点光源

步骤二：选择灯光，进入 修改命令面板，在【强度/颜色/分布】卷展栏下【分布】右侧的下拉列表框中选择【Web】选项（图4-68）。在【Web参数】卷展栏下单击无按钮，在弹出的【打开光域网】对话框中选择【天天】>【项目四光域网】，打开聚光筒灯文件。复制目标点光并进行灯光分布。如图4-69所示。

步骤三：在窗洞、门洞处创建Vray面光，进入 修改命令面板，设置如图4-70所示。

步骤四：在顶视图中创建Vray面光并进行复制，制作吊顶暗藏灯带。如图4-71所示。

图4-68 【强度/颜色/分布】卷展栏

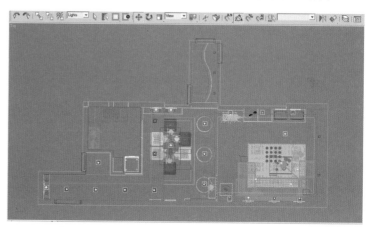

图4-69 灯光分布

图4-70 Vray面光参数

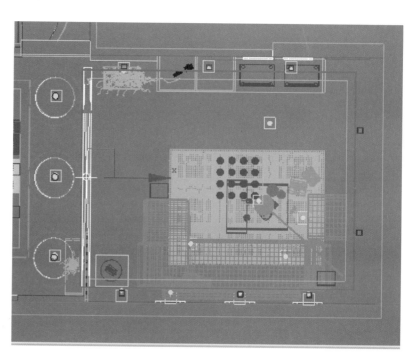

图4-71 吊顶暗藏灯带

步骤五：将 Vray 面光进行复制。如图 4-72 所示。

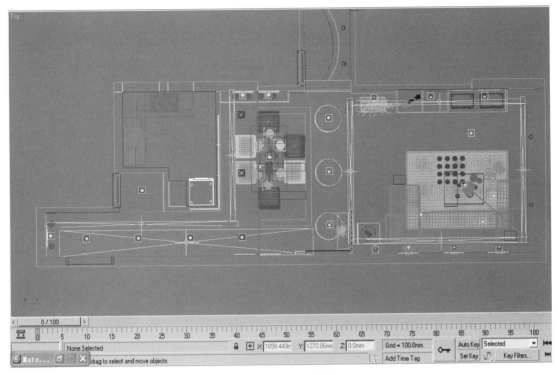

图 4-72　Vray 面光复制

步骤六：用 Vray 面光如图 4-73 所示进行环形阵列布局，制作暗藏灯带效果。

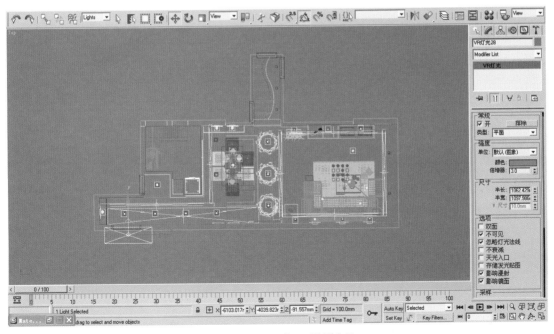

图 4-73　Vray 面光环形阵列布局

最终渲染效果如图 4-74 所示。

图4-74　复杂客厅效果图

此时，灯光大致布置完毕。注意调整灯光之间的关系、空间内整体模型间的协调关系。

项目小结

在本案例中，主要按照效果图制作流程，完成了从CAD识图到3DMax建模、Vray渲染的制作过程。主要讲述了应用创建二维图形方法建立模型的方法；主要介绍了白乳胶漆、壁纸、木地板、镜子、白色混油柜子、不锈钢、电视屏幕、自发光材质、白陶瓷、地毯等材质的设置；对于灯光的学习，本案例重点介绍了目标点光、Vray球灯、Vray面灯，并结合Vray渲染器进行渲染，从而达到较为真实的效果。

大家在学习过程中应注意学习制作复杂客厅的整个制作流程，特别是材质及较为复杂的布光方式，掌握其中的规律，灵活运用，能达到举一反三的效果。

参考文献

［1］孙启善，王玉梅．中文版3ds Max/VRay全套家装效果图完美空间表现．北京：兵器工业出版社；北京希望电子出版社，2009．

［2］郑恩峰．3ds Max&V-Ray室内外空间表现．上海：上海交通大学出版社，2010．

［3］火星时代．3ds Max&VRay室内渲染火星课堂．北京：人民邮电出版社，2009．

［4］曹茂鹏，瞿颖健．3ds Max/VRay效果图制作完全自学教程（中文版）．北京：人民邮电出版社，2010．